高等院校环境艺术设计专业系列教材

100张必画
室内（环艺）快题手绘设计方法与解析

新蕾艺术学院/新芽生长 编著

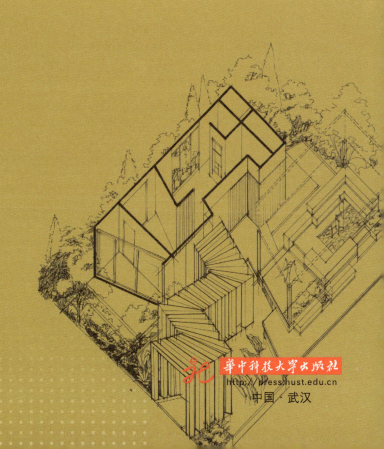

华中科技大学出版社
http://press.hust.edu.cn
中国·武汉

内容简介

本书共分为10章。第1章为室内设计快题手绘表达综述，讲解了室内设计快题手绘的考试要求和评判标准、常见问题以及抄绘练习方法；第2章室内设计快题手绘的主要内容和命题解析，讲解了室内设计快题手绘的主要内容、常见空间类型，并对室内设计快题手绘的命题趋势和考研真题进行了解析。第3章至第10章对室内设计快题手绘常见的八大空间进行了讲解，分别为人居空间，商业空间，休闲交流空间，办公空间，艺术家、设计师工作室，茶吧、水吧、咖啡吧，休闲空间，博物馆、科普馆等展示空间。

图书在版编目（CIP）数据

100张必画室内（环艺）快题手绘设计方法与解析 / 新蕾艺术学院，新芽生长编著. -- 武汉：华中科技大学出版社，2025.3. -- ISBN 978-7-5772-1685-0

Ⅰ．TU204.11

中国国家版本馆CIP数据核字第2025WW2109号

100张必画室内（环艺）快题手绘设计方法与解析　　　　新蕾艺术学院/新芽生长 编著
100 ZHANG BIHUA SHINEI（HUANYI）KUAITI SHOUHUI SHEJI FANGFA YU JIEXI

出版发行：	华中科技大学出版社（中国·武汉） 武汉市东湖新技术开发区华工科技园	电话：	（027）81321913
出 版 人：	阮海洪	邮编：	430223
策划编辑：	简晓思	责任监印：	朱　玢
责任编辑：	叶向荣	装帧设计：	黄泽安

印　　刷：湖北金港彩印有限公司
开　　本：787mm×1092mm　1/16
印　　张：11.5
字　　数：151千字
版　　次：2025年3月第1版第1次印刷
定　　价：69.80元

本书若有印装质量问题，请向出版社营销中心调换
全国免费服务热线：400-6679-118 竭诚为您服务
版权所有 侵权必究

序言 PREFACE

"设计"一词对于大众而言已经不那么陌生了,而人们对与设计(design)相关联的诸多知识系统及应用深度的了解仍显不足。已经从事设计工作或者未来将要从事设计工作的人们也一直面临科技迭代和知识完善的自我更新状况,现实需求和理想期待都是如此。

设计思维、设计手段、设计表达、设计实践、设计成果和设计评价,构成了设计教育和设计应用影响人类生活方式的核心内容。其中,在设计思维(design thinking)的培养方面,在互联网背景与人工智能飞速发展的当下,则需要进行系统的重新建构,包括如何重新认识人文艺术的植入路径和精神的表达。

斯坦福大学著名的斯坦福设计学院(D.School),将设计思维分成5大步骤,即共情、定义、创意、制作、测试等,每一步骤所含内容和分层也较为复杂,逻辑严密,形成一套完整的理论体系。这套"设计思维与手绘表达"系列丛书,将设计思维的理念建构与执行手段相融合,包括《室内设计手绘表达与快题解析》《室内设计快题手绘表达与解析》《展示陈列设计手绘与快速表达》《视觉传达设计手绘与快题基础》《视觉传达设计考研真题解析与高分范例》《园林景观设计手绘表达与快题基础》《服装设计与手绘表达》《100张必画室内(环艺)快题手绘设计方法与解析》。这8本书涵盖了设计学相关的主要学科,拓展了设计思维的理论框架和实施途径。

虽然摄影技术、计算机、互联网、AR、3D打印技术在设计领域的应用已十分广泛,但设计思维仍处于整个设计流程的前置状态,决定着后置的所有环节。在设计创意和方案形成的初期阶段,如果对于计算机过度依赖,会让设计者逐渐放弃自主性,丧失观察物象世界的敏锐性和快速捕捉能力,譬如形象和形态、尺度和材质、色彩与质地、文脉与肌理关系等。手绘所具有的第一反应和非理性表达特点,与人类的本真诉求更为接近,它强化了人脑思维和行为动作的良性协调。通过手脑高度一致的表达推演,拆解和验证设计思维的每个步骤,可以极其有效地完善和丰富设计,同时也提升了设计师的自信和能量聚集水平。

另外,回顾绘画艺术的发展,从古典绘画、宗教艺术、文艺复兴绘画到近现代艺术,手绘表达占据着绝对重要的地位,东西方绘画均是如此。手绘所具有的唯一性和不可重复性、情绪化的呈现形式、时空的自由对接、语言的个性化选择等优势,都展现得淋漓尽致。作为具有鲜明特性的设计表达手绘,在满足功能性诉求的同时,已经成为独立的艺术形式和审美对象,手绘的多重角色可见一斑。

该丛书的作者宋威拥有从大学本科、硕士研究生到博士研究生完整的学习经历,有着室内、建筑、展示和视觉传达等专业丰富的设计经验,学术视野开阔。他在大学一年级就显现出优秀的手绘表达能力,为其以后的学习和工作奠定了坚实的基础。这些年来,他的设计生涯也从未间断,成果丰硕。今天这样的系列丛书出版,值得祝贺!

…………陈六汀

北京服装学院艺术设计学院 教授 博士

推荐语
RECOMMENDATION

手绘是设计师表达思想最直观且生动的方式,许多著名设计师习惯使用手绘方式快速记录瞬间的灵感,把构思加工成可视化的图示。当前中国的设计教育,尤其是设计学的研究生教育,非常重视设计学基础教学。在基础教育的体系中设计思维和表达无疑是重要的方面,手绘表达是设计专业学生必须要掌握的基本技能之一。而快题设计手绘不仅是大多数设计院校硕士研究生入学考试的主要内容,同时也是很多大型设计公司入职考试的关键一环。由此可见,手绘表达的重要性是不言而喻的。本书从手绘基础到快题基础,由浅入深,循序渐进,是一本很好的设计思维和手绘表达的工具书。

…………徐飞 / 清华大学美术学院信息艺术设计系博士后

设计手绘不仅仅是艺术设计类院校研究生考试的重要科目之一,对于职业设计师来说,设计手绘也是一项必不可少的技能。设计手绘是设计师构思方案的一种直观、生动的表达方式,可以帮助设计师在短时间内快速表达创意。一个优秀的设计师不一定有很强的手绘能力,但手绘表达好一定更容易成为优秀的设计师。本书在设计手绘的方法、技巧等方面都有独到的见解,同时也有优秀的手绘案例供读者学习参考。

…………韩坤炯 / 清华大学美术学院信息艺术设计系博士研究生

手绘对于设计师而言是一种表达方式,具有不可替代的作用。一名优秀的设计师,不仅要有好的构思和创意,还需要通过一定的形式将其表达出来,设计手绘表达便是最直观、有效的方式。本书不仅能让你了解手绘表达的重要性,而且能让你快速掌握手绘表达的要点和技巧,最重要的是教你捕捉设计构思与创意、推敲设计方案、建立设计思维。书中展示了百余幅北京地区重点院校的高分快题作品,都是快题设计手绘的优秀范例,也是考研学生临摹学习的好作品。

…………张宇春 / 清华大学美术学院环境艺术设计系博士研究生

设计手绘的主要目的是体现设计者的设计意图，其通过准确的透视、尺度等向观者传达信息，通过有张力的构图、设色等营造氛围，在设计快题中具有极其重要的作用。对于设计手绘的学习者来说，学习设计手绘的手段在于多看、多想、多练。平时多搜集、观摩、研究优秀的设计手绘案例，并分析其优点、缺点，从而在自己的练习中将平时积累的设计素材灵活运用。本书为设计手绘学习者提供了丰富的设计素材，希望各位读者能够充分、灵活地运用这些素材。

…………吴楠 / 清华大学美术学院科普硕士研究生

设计手绘是目前大部分艺术设计专业研究生入学考试的重要内容，快题设计手绘可以考查考生快速构思设计方案的能力，以及手绘表现能力。设计者对设计手绘的学习和练习，不但能促进设计方案的有序展开，沿着正确的方向发展，而且能不断提高自身的专业素质。本书在设计思考及手绘表达方法等方面有独特的见解，对设计思维的提升有很好的引导作用，是值得学习和借鉴的。

…………张一凡 / 清华大学美术学院科普硕士研究生

设计手绘是将设计与艺术相结合的产物，不仅要考虑设计方案的美妙，也要考虑整体作品呈现出来的艺术感。设计手绘一开始可能只是高校的敲门砖，其实它的作用远远大于此。随着学习的深入，你会发现它是做设计的最好工具。市面上的设计手绘书大多只能作为教辅材料，而本书最大的不同是从设计工具的角度教你如何画好设计手绘，服务于设计。

…………黄蕾 / 清华大学美术学院科普硕士研究生

在求学时期，手绘是重要的设计学基础技能；在工作时期，手绘贯穿整个建设周期。在概念规划前期，手绘将创意灵感快速转化为视觉效果；在方案交流推敲中，手绘比口头阐述更加形象，较电脑建模更加快捷；在施工图阶段，良好的手绘能力可以有效地提高与各专业的沟通效率。此系列丛书从建筑、景观、室内、展陈等多方面展开，全面、系统、实际地研究了设计学科的手绘方式方法，适合高校教师、设计师、在校学生使用。

…………王华石 / 中央美术学院建筑学院硕士研究生

推荐语
RECOMMENDATION

我认为，设计手绘是一种快速表达个人设计思维的方式。设计之初，徒手勾勒草图常常能给创作带来灵感。同时，设计手绘的延展性很强，无论是草图勾勒还是细节刻画的表现力都极强。就考研设计快题而言，手绘风格固然重要，但更重要的还在于个人设计思想、设计理念、设计规范、画面效果和个人特色的综合表达。本书很好地归纳和总结了手绘设计的各要素，能够帮助读者快速理解和学习设计手绘。

…………苏春婷 / 中央美术学院建筑学院硕士研究生

手绘是设计方案展示与交流的重要手段，其表现形式与呈现效果不仅能够直接反映设计者的专业能力，亦可检验出其设计思维是否具有独创性。本书立足于当代设计前沿，结合长期的专业考研辅导教学经验，从教与学的角度，注重手绘设计的实践与应用性，通过系统、科学的设计过程引导，促进设计思维发散，提供高效的训练思路，让使用者在较短的时间内提升方案创造力与效果表现力。

…………杨莹 / 中央美术学院建筑学院硕士研究生

考研手绘快题一直是考研中很重要的一环，在短时间内准确把握设计要求并表现自己的想法，是对每个设计师的基本要求。快题包括平面图、剖面图、立面图、效果图、分析图等，其中每张图注重的内容不同，比如构图、透视、明暗、色彩、元素、尺度、标注，小的细节构成大的整体。多练习也是学习手绘的重要方法，学习前期完全可以多临摹、多欣赏优秀作品，并且与自己的作品多对比。本书完全可以满足大家所有的需求，推荐给大家！

…………李香漫 / 中央美术学院建筑学院硕士研究生

会颠球的人不一定是专业足球运动员，但是专业足球运动员一定会颠球。那么可不可以这么说，会手绘的人不一定是专业设计师，但是专业设计师一定会手绘。设计师关注设计问题的核心价值，满足客户的诉求，传达自己的设计意图。手绘虽然是纸笔间的划动，但实际上是一种思维工具，它能够帮助设计师思考，尤其是在草图阶段的构思方案、推敲细节、构建信息框架等方面发挥着不可替代的作用。

…………罗亦鸣/清华大学美术学院信息艺术设计系博士研究生

对于设计手绘，我更倾向于称之为专业设计方案构思阶段的手绘草图过程，其涵盖室内设计、景观设计等多方面的专业基础知识。设计手绘作为相关专业研究生考试中评判学生水平的方式是有其道理的，专业教师可以从一幅短时间内绘制的设计手绘作品中看出学生对专业基础知识的掌握程度和其设计思维的灵活性。无论是作为研究生入学考试的重点专业科目，还是作为衡量学生专业水准的量尺，设计手绘对于学生而言都是必要且重要的。本书系统地梳理了设计手绘学习的方法和内容，是学生系统性学习专业基础知识和开拓设计方案思维的必看书籍。

…………杨跃/清华大学美术学院环境艺术设计系硕士研究生

在众多的设计表达形式中，手绘是最直观的表达方式之一，也是衡量设计师能力的标准之一。手绘不仅是设计专业研究生入学考试的主要内容，也是设计师在工作中表现想法与创意的重要工具。线条、比例、结构、透视、色彩都是手绘表现的要义，本书从设计手绘的理论到实践都有详细的讲解，并展示了大量的优秀设计案例，相信会给考研学生以及设计师们带来全新的方法与思路。

…………李成惠/清华大学美术学院科普硕士研究生

即使是在各类计算机软件功能丰富的今天，设计手绘仍是设计师不可替代的基础表达语言，它是一种可以快速、直观传达设计灵感的工具，是方案从设想迈向现实的关键一步。不同于单纯的艺术绘画作品，设计手绘的首要目标是准确而清晰地讲述关键信息，达到有效沟通的目的。好的设计手绘作品可以表现出设计师的创意思维逻辑与基本专业素养。本书中优秀的案例和精准的讲解对于读者了解设计手绘具有很强的指导意义，值得读者临摹、分析与体悟。

…………苗雨菲/清华大学美术学院科普硕士研究生

推荐语
RECOMMENDATION

在环境艺术设计专业的学习过程中，手绘学习是其中不可或缺的一条关键路径。手绘学习必须经历临摹到创意的过程，由"演习"转为"实战"，这种演进的过程，是学习手绘表现技法不可忽视的过渡环节。整个过程由浅入深、由简单到复杂。而反复训练既能增强手绘表现技法，又能提高设计方案能力。手绘学习的目的是更好地应用这一技能，并最终服务于设计。本书将手绘学习必经过程进行拆分，满足手绘全阶段的学习诉求，通过细致的讲解与前沿设计的描摹表现，使读者对手绘学习有更好、更深的了解。

············宋晓菲 / 北京理工大学环境艺术设计系硕士研究生

设计手绘是设计师用于记录资料、记录想法、交流设计最方便、最快捷的工具，也是设计师的工作语言。手绘是捕捉构思与创意、推敲设计方案最快捷的表现手段，能够很好地把设计者的手、脑、眼结合起来，是计算机所代替不了的。手绘更能反映设计师的艺术修养、创造个性、创造能力，是设计师必备的专业技能，也是多数设计类专业考研的必考科目。本书从基础入门到技法表现再到方案推演，一步步带领大家了解考研手绘、学习设计手绘，辅助大家将设计理念表达得淋漓尽致。

············宋雨晴 / 北京理工大学环境艺术设计系硕士研究生

快题手绘不仅是环境艺术设计专业考研的必考科目，而且在今后的工作中也会用到。通过手绘表现设计想法，有助于提高设计师的竞争力。手绘入门容易，但画好不易。宋老师从事手绘设计教研工作多年，专注探索手绘表达的方法，以自己独特的表达方式去解读设计手绘。相信本书能给大家带来指引和帮助。手绘不是一朝一夕就可以学好的，需要坚持不懈的练习和不断的积累，才能提高手绘能力。

············刘雅静 / 北京林业大学环境设计系硕士研究生

快速表达是一个设计师表达想法最原始、最直接的方式,也是最基本的能力,它可以快速、直观地表现出设计方案。手绘能力的提升需要慢慢积累。优秀的设计理念需要通过手绘来做到快速表达,这也就是为什么艺术类院校的研究生入学考试需要用手绘来测试学生的设计能力。这是一本适合手绘小白的书籍,宋老师经验丰富且有自己的教学思路,从基础线条到空间塑造都有自己的巧思应用,可以帮助读者快速掌握手绘技巧。认真研读练习,一定会收获满满!

…………孔泓涵 / 北京服装学院城市与建筑设计硕士研究生

手绘是设计师必须掌握的一项技能,它是表现创意与捕捉灵感的载体,是艺术设计的初始阶段,是最直接的"设计语言"。在如今这样一个科技高速发展的时代,设计师普遍使用计算机绘图来表达,反而忽略了手绘能力的重要性。本书是一本经典的手绘教材,详细介绍了手绘从理解表达方式到练习,最后到完整表达的一个过程。本书作者与我亦师亦友,是带我打开手绘大门的良师,广大读者在阅读这本手绘书籍后,同样会在设计手绘上有新的感悟。现在的设计师需要关注手绘能力的重要性,而本书就是一本不可多得的好书。

…………杜旭萍 / 北京服装学院环境设计系硕士研究生

熟练掌握手绘这项技能,可以带给我们更多沟通上的便利。它的全面性和随意性可将设计理念用最直接的方式表达出来,所以,设计手绘不仅仅是低年级的一项课程,更是研究生入学考试以及毕业后工作的需要。宋威老师作为我的考研快题导师,在考研过程中给了我很多指导和建议,同时也给了我在毕业后顺利找到心仪工作的信心。本书运用了他独特的教学理念,结合教学实践,可以帮助读者更快、更轻松地学习手绘技巧。在学习、练习的过程中经历一次有趣而又特殊的课堂教学体验,何乐而不为?

…………王彤匀 / 北京服装学院环境设计系硕士研究生

本书从多个方面讲解了考研手绘的注意事项,能够帮助我们收获更多的手绘知识,更重要的是本书能够让读者了解手绘的正确步骤和方法,开阔眼界。由基础到高阶,每一个学习阶段都配有大量精美的作品,以深入浅出的方法和例子,准确展现了如何正确地运用手绘表达设计理念。本书不仅是工具书,也是值得收藏的画册,相信这本书能够成为我们不断创新设计理念的灵感源泉。

…………郑德群 / 北京理工大学环境艺术设计系硕士研究生

前言

设计手绘不是要花枪,而是设计过程中思维活动的真实记录,更是一种自然而然养成的习惯。

本书是讲设计手绘的,之所以在手绘前面加上"设计"这个限定词,是想要区别于目前比较流行的表现类手绘,或者称之为技法类手绘,因此本书并非侧重于对手绘表现技法的描述,而是致力于对手绘认识观念的转变以及手绘学习过程中常见问题的讲解。对于一个初学者,缺乏经验和判断力是很正常的,我也是从这个时期过来的,判断画面好坏的标准仅仅是"像不像""用笔帅不帅气""刻画是否深入具体"。这些表面的因素是最能吸引初学者眼球的,因此也导致初学者盲目地崇拜和跟随。

手绘的爱好者、初学者们,有没有问过自己这样的问题:"什么样的手绘是好的手绘?""手绘的目的是什么?""手绘就是为了画好效果图吗?"当你没有带着这些疑问去学习手绘时,只是信手来画,你的手绘学习将是被动和消极的,或者不夸张地说,是稀里糊涂的。几年来,我教过很多学习手绘的学生,绝大多数是本专业,具备一定的专业基础,也有的是跨专业的,几乎是零基础学习手绘。当我问到他们为什么学习手绘时,得到的答案几乎都是为了升学、考研、出国,或者是工作上的需求,几乎没有人是因为喜欢、爱好而主动学习手绘的。我觉得这暴露出很大的问题,也是画不好手绘的根源所在。为了某种目的的被动式学习的效果必然不会理想。我不是要求所有手绘练习者都要喜欢手绘,但发自内心的喜欢是手绘学习的动力之源。

在准备学习手绘之前,请先问自己以下几个问题。

1. 你真的喜欢手绘吗?

如果说有某种因素可以让你在手绘的道路上走得更好、更远,在我看来,这种因素一定是发自内心的对于手绘的热爱,甚至是痴狂。兴趣是最好的老师,在兴趣的带动下,你会拥有巨大的学习热情和不竭的动力。兴趣会使你在学习手绘的过程中孜孜不倦、持之以恒。可能有人会觉得说得有些夸张,手绘不就是学校开的那门不得不修的课程吗?手绘不就是研究生入学考试必考的专业课吗?手绘不就是工作中需要用到的一项技能吗?答案是肯定的,但只适用于那些对于手绘有着更高追求的手绘爱好者,而对于急功近利和消极被动的那些初学者来说,可能最初是没有必要的。我想大多数手绘学习者都属于第二种人,这也正是学习手绘的人有很多,但真正画得好的人却不多的根本原因。而那小部分人或许没有跟任何老师学过,也没有参加过任何形式的培训,他们的老师完全就是那份对于手绘的兴趣和热爱。而对于大部分学生来说,会参加各种形式的培训来提高手绘的能力,暂且不说这些培训的水平和老师的能力如何,光是五花八门的培训形式和内容就让缺乏经验和判断力的初学者难以做出正确的判断。

可能在开篇说这些,对于一个手绘的初学者来说,没有必要,但当有一天你的手绘能力得到了很大的提高时,或者遇到瓶颈时,希望你能想起我说过的这些话。也更希望绝大多数的手绘初学者,能够建立起对于手绘的热爱和兴趣,并在学习的过程中,带着这些话去思考,去学习,这样你才能在手绘的道路上越走越好,越走越远。

2. 你有正确的学习方向吗?

保证正确的方向是学习手绘的关键。方向错了,即使努力再多,也是徒劳。在今天我们可以很方便地通过网络浏览到各种手绘资料,而这些手绘资料的水平良莠不齐,甚至鱼龙混杂。不同风格的作品随处可见,无论是从书店还是网络,或者从其他人那都可以很方便地获得大量的手绘资料,我相信每一位手绘初学者的电脑里都会有几千张,甚至上万张手绘资料,这些资料更多的是被安静地放在那里,很少有人去翻看，更不必说会有人去认真地品评、分析这些作品。很多人都有这样的问题，热衷于去找这些资料，但当他们得到了这些资料后却很少再去翻看研究，只是放在硬盘中。面对这些资料，我们应该去伪存真，进行合理判断和取舍，选择正确并且适合自己风格的作品，通过临摹学习和借鉴来吸收这些资料中的养分，并转化为自己的东西。

学习手绘不是为了表面的表现技法，而是为了更好地应用这一技能，为设计本身服务。设计是创造性的过程，手绘是以图示形式表现思维的过程。当看到各种手绘资料时，不能仅仅停留在表面的表现技法上进行学习研究，更要通过画面看到设计的思路和方法，深入分析表达的方法和达到良好效果的原因。

因此，对于手绘爱好者，尤其是初学者来说，在学习的过程中，要接受正规、正确的训练和指导，把握正确的方向，养成良好的习惯，掌握正确的方法，避免在学习手绘的道路上走弯路。

3. 你学习手绘的方法正确吗？

在这个信息爆炸的时代，我们可以从网络、书店或者培训机构获得大量的手绘学习资料，但正是因为这些不计其数的学习资料包含了大量的手绘学习方法和表现风格，很容易使初学者眼花缭乱，无从下手。因此在学习手绘的过程中应寻找适合自己的风格和方法，不要被良莠不齐的手绘学习资料所迷惑而失去判断。

从我自身的学习经历来看，一般手绘学习的过程应该是理论学习 – 临摹 – 写生 – 设计实践，如此往复。一般认为临摹是学习手绘的第一步，但在我看来，没有目的和方法的临摹是错误的，在临摹之前应该进行系统的手绘理论学习，如透视原理、制图基础、色彩基础等。所谓理论指导实践是很有道理的，大脑里如果没有理论依据的支撑，就会盲目甚至是稀里糊涂地临摹，并不知道画的道理和原因，只是靠临摹的数量来积累经验，以此提高手绘能力，这样的手绘学习方法的效率是很低的。

4. 你能做到持之以恒吗？

冰冻三尺非一日之寒，水滴石穿非一日之功。天道酬勤，贵在坚持。当你在学习手绘的过程中，有了正确的方向和目标，那么剩下的就只有两件事：持之以恒地坚持和不断提高眼界。手绘的学习是一个漫长的过程，是一个在原有基础上不断超越的过程，这个过程是简单而重复的。简单重复意味着只要保证方向和方法上的正确，接下来就是不懈地坚持和重复这个过程，这里我所说的重复和坚持，不是说要靠数量上的积累，数量上的积累固然重要，量的变化必然引起质变。但我更希望你把这种重复和坚持的过程放在每日的手绘学习上，就像吃饭和睡觉一样，每天画几张手绘图，把这种行为养成一种习惯。建议每天画1~2张小画，而不是一天时间内突然画大量的手绘图，我认为这样做可以保持新鲜感，有充分的时间去思考，并且不至于产生压力和厌倦感，让手绘变成一种自发的爱好，而不是把它当做一种作业或者负担。当你每天都花费一点时间去重复这个过程，或者有一天会因为没有画手绘图而感觉不自在或者缺少点什么的时候，你距离手绘成功就越来越近了。学习手绘最美的音符就是每天听到笔尖在纸上滑过的声音，最令人难忘的气味就是马克笔挥发出来的味道。这种"坚持"看似简单，但能够做到的人并不多，当你每天都能主动拿起笔，在纸上画出一根线条或一个简单的形体，你都是在进步的。学习手绘犹如逆水行舟，不进则退。因此，在你每天都拿起笔的那一刻，希望你能和昨天去比较，并带着思考和对问题的分析，去开始新一天的手绘之旅。

不止如此，未来可期。

新蕾艺术学院

目录
CONTENTS

● **室内设计快题手绘表达综述**
SHI NEI SHE JI KUAI TI SHOU HUI BIAO DA ZONG SHU

1.1/ 室内设计快题手绘的考试要求和评判标准　　16
1.2/ 室内设计快题手绘常见问题　　18
1.3/ 室内设计快题手绘抄绘练习方法　　20

● **室内设计快题手绘的主要内容和命题解析**
SHI NEI SHE JI KUAI TI SHOU HUI DE ZHU YAO NEI RONG HE MING TI JIE XI

2.1/ 室内设计快题手绘的主要内容　　26
2.2/ 室内设计快题手绘的常见空间类型　　62
2.3/ 室内设计快题手绘命题趋势与真题解析　　64
2.4/ 室内设计快题手绘绘制步骤与方法　　76

● **人居空间室内设计快题手绘范例及评析**　　91
REN JU KONG JIAN SHI NEI SHE JI KUAI TI SHOU HUI FAN LI JI PING XI

● **商业空间室内设计快题手绘范例及评析**　　101
SHANG YE KONG JIAN SHI NEI SHE JI KUAI TI SHOU HUI FAN LI JI PING XI

● **休闲交流空间室内设计快题手绘范例及评析**　　109
XIU XIAN JIAO LIU KONG JIAN SHI NEI SHE JI KUAI TI SHOU HUI FAN LI JI PING XI

● **办公空间室内设计快题手绘范例及评析**　　117
BAN GONG KONG JIAN SHI NEI SHE JI KUAI TI SHOU HUI FAN LI JI PING XI

● **艺术家/设计师工作室改造室内设计快题手绘范例及评析**　　125
YI SHU JIA SHE JI SHI GONG ZUO SHI GAI ZAO SHI NEI SHE JI KUAI TI SHOU HUI FAN LI JI PING XI

● **茶吧/水吧/咖啡吧室内设计快题手绘范例及评析**　　137
CHA BA SHUI BA KA FEI BA SHI NEI SHE JI KUAI TI SHOU HUI FAN LI JI PING XI

● **休闲空间室内设计快题手绘范例及评析**　　153
XIU XIAN KONG JIAN SHI NEI SHE JI KUAI TI SHOU HUI FAN LI JI PING XI

● **博物馆展示/科普展示空间室内设计快题手绘范例及评析**　　159
BO WU GUAN ZHAN SHI KE PU ZHAN SHI KONG JIAN SHI NEI SHE JI KUAI TI SHOU HUI FAN LI JI PING XI

室内设计快题手绘表达综述

室内设计快题手绘的认识和理解

室内设计快题表现也称作快速表现,是指在比较短的时间内用一系列专业的图示和文字的形式来表达室内方案的设计思维过程以及对预期效果的表达的一种手绘形式。室内设计快题手绘是目前大多数艺术设计院校研究生入学专业考试的主要内容,也是很多设计公司入职考试的主要内容,因此,越来越多的学生开始关注和学习室内设计快题表现。

很多大学的课程设置安排了手绘这门基础课程,但多侧重于写生的手绘练习或效果图的表达训练,很少有专门的针对室内设计快题的学习的课程。室内设计快题手绘和写生类的手绘及效果图的手绘有很大的不同,室内设计快题手绘是一套完整设计方案的手绘表达,包含了大量的信息,我们平时侧重的效果图只是快题设计中的一部分内容,是对设计方案预期效果的表达,能够传达的信息是有限的,需要结合平面图、立面图、效果图以及分析图等来展示设计的思路和想法。

室内设计快题表现是设计方案从无到有过程的再现,一般情况下,一张完整的快题包括设计草图、概念分析图、平面图、立面图、剖面图、透视效果图以及必要的设计说明。室内设计快题表现一般要求在 6 小时内完成,在 A1 或者 A2 的图纸上展现设计方案的思考过程和方案的预期效果。室内设计快题表现的形式有很多种,马克笔、彩铅、水彩等都可以表达室内设计的方案。而马克笔因具有快捷性、方便性以及易于掌握等优势而成为室内设计快题表现的主要形式。因此,可以说快题设计是训练和考察快速设计能力和表达能力的一种很好的方式。

一幅优秀的室内设计快题不仅是一幅很好的绘画作品,并且应该是一幅准确无误的设计图纸,可以最终服务于设计本身。一幅优秀的室内设计快题是一整套设计方案的思路的再现,能够让观者看出设计师的思维过程。因此,对于初学者来说,应该对室内设计快题多加练习,更注重对设计思维过程的培养和训练,而不只是关注效果图的表达和技法。

1.1 室内设计快题手绘的考试要求和评判标准

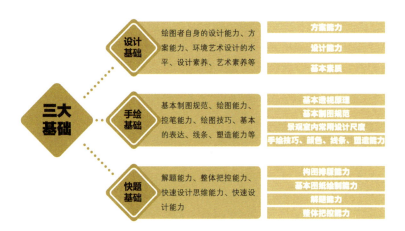

室内设计快题手绘考察学生对专业知识的掌握情况、快速设计能力和表达能力，其对于专业基础考试来说是一种很好的考察形式。但快题手绘的分数不能完全反映一个学生的设计和综合能力，成绩会受很多因素的影响，如运气、临场发挥、阅卷老师的喜好等。符合题目要求、创意新颖、设计规范、表达美观、整体效果强烈等方面是快题设计手绘考试的基本要求，也是一般快题评分的采分点。

1.1.1 室内设计快题手绘全年学习规划

快题考察的内容全面，在短时间内很难达到很高的水准，短时间的突击练习只能应对考试的基本要求。针对快题设计考察的设计基础、手绘基础及快题基础，有计划、有针对性的手绘学习规划极为关键，以一年的手绘学习规划为例。

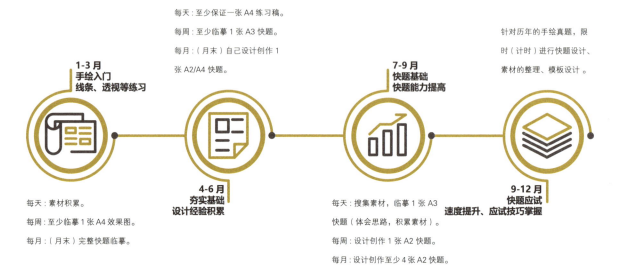

1.1.2 室内设计快题设计手绘评判标准

（1）切题，即符合题目的要求。室内设计快题手绘是在给定的题目和要求下进行快速设计和表现，好的室内设计快题手绘一定是对题目的准确解读和解答，而不是对模板的生搬硬套。

（2）设计思维。方案设计的好坏是评判室内设计快题手绘的重要标准，也是广大考生的弱点，绝大多数方案设计要么中规中矩，要么缺乏新意，没有将两者结合得很好。

（3）规定时间。在考试规定的时间内完成整张快题是充分表达的基础和前提，没有完成整张快题是不可能取得好的成绩的。相同的时间内，你表达得越充分，越能够让你的快题脱颖而出。

（4）适当表现。室内设计快题手绘不是画得越深入越好，要适可而止，见好就收，否则容易使画面匠气。很多阅卷老师并不喜欢培训痕迹明显的画法，毕竟室内设计快题手绘不是考察手绘的能力，因此不应该把时间花在无休止的表现上。

（5）规范制图。读图、识图、制图能力是这个专业的基本要求。相比表现，线型、比例等制图规范基础内容是考察的重点，制图是否规范和标准是考试考察的基本内容，也是阅卷老师评分标准中重要的一项。

（6）风格明显。从历年的考试试卷可以看出，越来越多的学生在考前会参加培训来提高手绘的能力，但这种填鸭式的教学使学生的快题手绘越来越相似，甚至很大一部分学生画的快题就像一个人画的，相同的版式，相同的配色，这种生搬硬套模板的方式使自己的快题缺乏个性。

（7）画面整洁。图面是否整洁干净也是评分的一个标准，关乎留给阅卷老师的第一印象。虽然所占分数不高，但如果不多加注意，丢掉的这几分，想在其他的方面找回是很困难的。在作图时，要时刻注意尺子是否干净，不要把马克笔和墨线的笔痕弄得到处都是，保证画面的干净整洁会给阅卷老师良好的印象。

1.2 室内设计快题手绘常见问题

1.2.1 设计能力差，对方案的设计束手无策

不积跬步，无以至千里。室内设计快题手绘不是一蹴而就的，需要日常的点滴积累。平时缺乏积累、脑袋空空、设计能力不强是影响室内设计快题质量的重要因素，也是影响室内设计快题表现速度的主要原因。这是一个设计师日常的习惯问题，对于一本手绘的书籍来说，我不想说得过多，结合自身的学习经历，谈谈我的方法，仅供大家参考。在学习手绘的过程中，一定要注重平时对设计素材的积累，在大脑中形成自己的资料库和素材库，随时可以调用。养成眼睛、大脑和手同时合作的习惯，不要仅仅停留在用眼睛看，我习惯于准备一个本子，把看到的自己认为好的设计元素和案例用简单的文字和图形的方式记录下来，不一定追求画得多么好，但过程中要尝试分析好的原因和设计的思路，这样时间久了，一方面手头的速写能力得到了很大的提高，另一方面自己大脑中也储存了大量的设计素材和案例。久而久之提高快题设计和手绘表达的能力，这对于设计师的成长有很大的帮助。

1.2.2 时间不够用，在规定的时间内不能完成快题设计

时间不够用主要有三个方面的原因。

（1）时间安排不合理。对于整个快题设计没有明确的时间规划和安排，画到什么程度，完全是靠感觉，这样很容易造成时间安排的不合理。在日常的练习过程中，应该把从开始到结束的时间记录下来，精确到分钟，并记录每一部分所用的时间，如平面图用了多少时间，效果图用了多少时间，并做个简单的统计，看哪一部分耗时最多，接下来就从这个方面入手，着重练习加快作图的速度。

（2）方案设计耗时太多。方案设计是整个快题设计最重要的一部分，也是初学者最头疼的部分，经常脑袋空空，设计不出来东西。这主要是因为平时对设计积累不够，大脑里的素材缺乏。

（3）熟练度不够。速度跟不上，这与画的数量不够有直接的关系。书读百遍，其意自现。画得多了，自然手头的速度就提上来了。以个人的经验和对学生的数据统计来看，以四个小时的快题设计为例，如下的时间安排是比较合理的：0~30分钟，用于方案的初步设计；30~90分钟，用于深入设计和线稿的绘制；90~150分钟，用于墨线的绘制；150~210分钟，用于颜色的绘制；210~240分钟，用于文字和最终画面的调整。这是一套室内设计快题手绘比较合理的时间安排，尤其适用于考试，但每个人的习惯和能力不同，应该根据个人的特点稍作调整。

1.3 室内设计快题手绘抄绘练习方法

室内设计快题手绘抄绘练习

新蕾艺术学院学员作品

针对快题设计手绘学习过程中脑袋空空、素材积累不够、手头表达速度慢、不知道如何下笔等常见问题,手绘抄绘练习是常用且有效的方法,抄图百遍,其意自现,抄绘练习是短时间内快速提高设计能力和手绘表达能力的重要手段。抄绘练习是指把成熟优秀的设计方案通过手绘的形式抄画一遍,在这一过程中能够积累大量的设计案例、设计素材,提升设计思维能力的同时锻炼手绘表达能力。室内设计快题手绘抄绘作品见图1-1~图1-5。

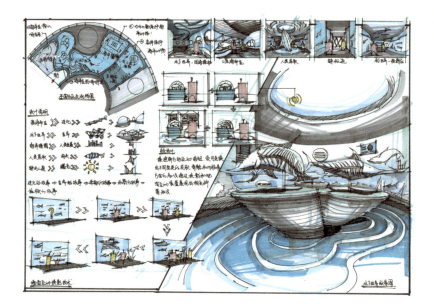

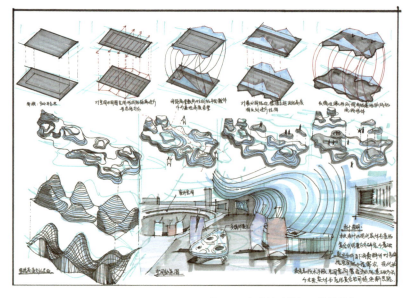

图1-1 室内设计快题手绘抄绘作品(一)

室内设计快题手绘抄绘练习

新蕾艺术学院学员作品

1.3.1 手绘抄绘练习的内容

设计能力是影响快题设计手绘分数的根本原因,因此在日常练习中,必须把设计能力的提升作为快题学习的首要目标。在室内快题手绘抄绘练习过程中,首要目标不是解决如何画好的问题,而是解决如何设计的问题,因此优秀的设计案例,特别是与快题设计相似空间的设计方案是手绘抄绘练习的主要内容。在抄绘的过程中,一定要注重分析优秀案例的设计思路、设计方法、设计语言等设计层面的内容。

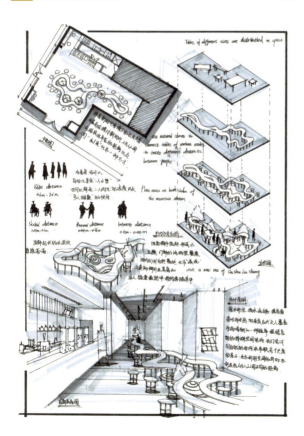
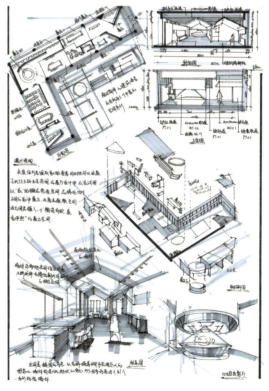

图 1-2 室内设计快题手绘抄绘作品(二)

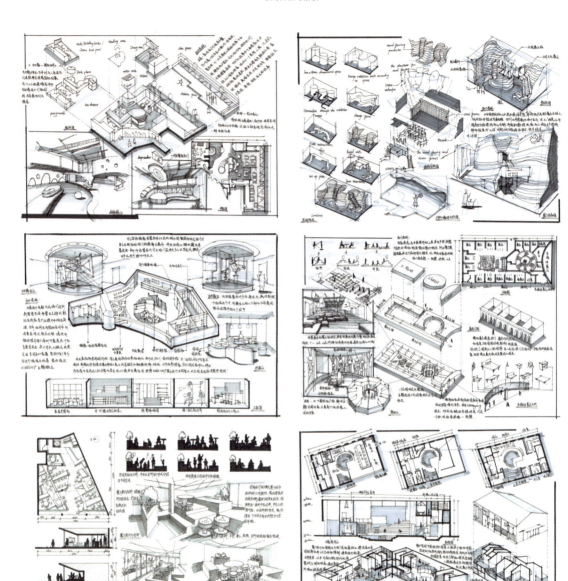

图 1-3 室内设计快题手绘抄绘作品（三）

1.3.2 手绘抄绘练习的方法

对于手绘初学者而言，手绘抄绘练习使其能够在短时间内学习设计思路、积累设计素材，是快速提升手绘熟练度的有效方法。手绘抄绘练习必须掌握正确的方法。为保证手绘抄绘的效果，每天至少完成一个设计案例的手绘抄绘，这是基本的，也是理想的。基本的意思是至少要保证这个工作量才能达到理想的效果。理想的意思是贵在坚持，很难有人能够长时间地持续进行手绘抄绘练习。

手绘抄绘练习应该由易到难，循序渐进、按部就班地进行，水滴石穿非一日之功，不能急功近利。从简单的空间案例开始，按照人居空间、办公空间、简餐空间、茶饮空间、阅读空间、商业空间、展示空间，有计划、有针对性地进行专项空间的手绘抄绘练习。从以往的教学经验来看，抄绘的纸张不宜过大，尽量以 A4 纸为主，抄绘的过程以搜集素材、分析案例、学习设计手法为主，以手绘表达为辅。

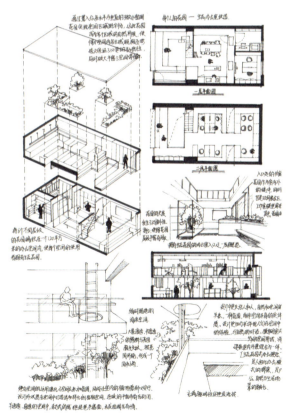

图 1-4 室内设计快题手绘抄绘作品（四）

1.3.3 手绘抄绘练习的注意事项

从个人的教学经验和学生的反馈来看,手绘抄绘练习要注意以下三点。第一,对设计的理解程度决定了手绘抄绘的效果,带着思考去进行手绘抄绘练习才能事半功倍。第二,手绘抄绘要建立在对设计方案的全面分析和深入理解的基础上,切勿把重点放在效果图的手绘表达上。第三,对于方案的分析不能简单停留在表面形式,要注重结构构造、材料工艺等深化层次的内容。

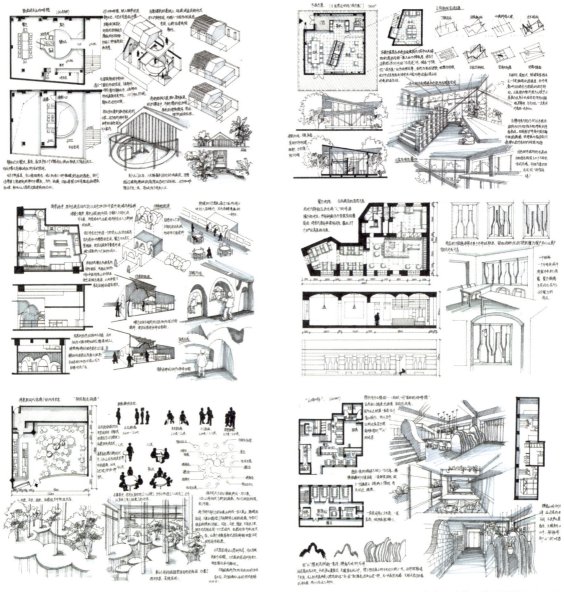

图 1-5 室内设计快手绘抄绘作品(五)

室内设计快题手绘的主要内容和命题解析

室内设计快题手绘的主要内容

室内设计快题手绘是环艺及相关专业考研、就业入职考试的主要内容，考察学生对专业知识的基本掌握能力和设计表达能力，也是设计专业学生、设计师要掌握的基本技能之一。目前在几乎所有的院校环艺及室内设计相关专业的研究生入学考试中，专业基础这门考试科目都是以快题手绘的形式来考查的，每个院校具体的考试要求不一样，考试的难易程度也不一样，但都通过快题手绘考查学生基本的设计思维、设计能力和手绘表达能力。从考试的题目来看，目前有传统型命题和开放式命题两种命题方向，考试时间从三小时至八小时不等，考试的纸张从 A3 到 A1 尺寸不等，绝大多数院校以开放式命题、四小时的考试时间、A2 的考试用纸为考试要求。

从各个学校的考试大纲来看，设计基础是综合性专业考试，主要考查学生对设计造型形态、空间想象与组合、形式美感法则、构图与色彩及手绘表现的基础设计技能的掌握。要求快题手绘符合题目要求、设计创意新颖、具有形式美感、构图严谨、造型比例准确、色彩与表现技法得当。快题手绘的总分为 150 分，具体采分点包括创意、规范、表现技法、整体效果等方面，每个学校的侧重点不一样。

从各个院校的考试要求来看，并没有强行规定快题手绘的具体内容，但一张完整的快题手绘至少包含八个部分的内容：版式设计、标题字设计、分析图设计、平面图设计、剖立面图设计、效果图设计、设计说明、制图基础。

室内设计快题手绘的命题解析

随着考研人数的不断增加，很多院校都在进行考试的改革和调整。快题手绘的考试命题方向有传统型命题和开放式命题两种，传统型命题是在考题中明确给出场地的尺寸、空间性质、使用要求等具体信息，受限条件较多，考试难度较大。开放式命题是综合性的专业测试、不分专业方向，通常给出名词、短语、句子等内容，通过给出的信息结合自己的专业进行设计，受限条件少，比较宽泛。从近几年的考试真题可以看出，目前绝大多数院校有由传统型命题向开放式命题转变的趋势。

2.1 室内设计快题手绘的主要内容

室内设计快题手绘是在规定的时间内(一般为3~6小时)按照考试题目要求完成的快速设计及手绘表现。通常情况下一张完整的快题手绘至少包含八个部分的内容:版式设计、标题字设计、分析图设计、平面图设计、剖立面图设计、效果图设计、设计说明以及制图基础。

CHAPTER 02
室内设计快题手绘的主要内容和命题解析

（1）版式设计。

版式设计是指快题手绘中的平面图、立面图、效果图、分析图等要素的排列组合形式，同样的内容、不同的版式设计，效果会完全不同。

（2）标题字设计。

标题字如同作文的题目，起到点题的效果，标题字的选择不能过于花哨，喧宾夺主，要选择简单容易书写的字体，可使用 POP 字体及专用的书写工具进行专项练习。

（3）分析图设计。

分析图设计是整个设计过程的开始，是设计师对方案思考过程的一种图解表达。在方案从无到有、从有到优的过程中，大脑会迸发出很多灵感，这些碎片化的灵感重组的过程即是设计的过程，这一过程就需要以分析图的方式表达出来。分析图的种类样式很多，没有固定的形式，完全需要根据设计的具体情况而定。

（4）平面图设计。

平面图设计是评判方案好坏的重要依据，也是快题手绘考察的重点，通过平面图可以看出功能分区、交通流线是否合理。绝大多数学生会画手绘，但不会设计平面图，这就暴露出设计能力欠缺的问题，在提升手绘表达能力的同时，要注意积累平面图的素材，提升设计能力。

（5）剖立面图设计。

平面图设计反映室内空间的位置和大小关系，剖立面图设计则反映室内空间竖向的尺寸关系和位置关系，是对平面空间布局的一种补充和深化。

（6）效果图设计。

从某种角度来说，效果图是一张快题手绘的"脸面"和核心，是评判快题手绘最直观的标准。在有限的阅卷时间内，效果强烈、具有视觉冲击力的效果图能够脱颖而出，给阅卷者留下深刻的印象。

（7）设计说明。

设计说明是对快题手绘的一个简要概括和总结，是设计总体概念、思路、方法等元素的简要说明。很多学生不重视设计说明的书写，经常是几句话草草了事，这是一个不好的习惯，要注重设计说明的表达和书写标准。

（8）制图基础。

制图基础是室内设计专业的基本功和基本常识，是读图的标准和规范，有很多院校尤其是地方院校，在室内设计快题手绘中不重视制图基础的规范标准，久而久之使学生养成不严谨的制图习惯。

版式设计与手绘表达

室内设计快题手绘最容易忽视的部分就是整张手绘的版式设计，因为目前几乎所有院校的考试要求中都没有对版式和标题字提出具体、明确的要求，甚至是不做规定。但是结合多年的教学经验，版式设计和标题字设计是花费最少的时间快速提升画面效果的重要方式之一。

室内设计快题手绘中的分析图、平面图、剖立面图、效果图以及必要的文字说明，通过不同组合排列、大小和位置上的调整都会产生不同的效果。同样的内容，快题手绘的横构图和竖构图会产生截然不同的效果。因此要重视快题手绘的版式设计，并且版式设计要先行开始，不能边画边设计，哪里有地方就放到哪里，导致缺乏整体设计，视觉效果差。一般情况下，可以在方案设计草图完成后，进行版式设计的布局，同样可以通过手绘草图的形式来推敲，合理布局快题手绘中的分析图、平面图、剖立面图、效果图以及文字说明的位置和大小关系（图2-1~图2-3）。

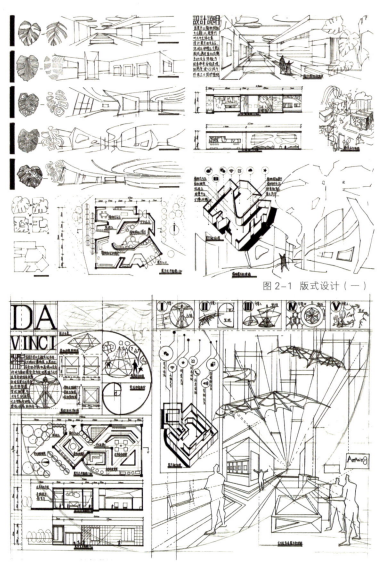

图2-1 版式设计（一）

图2-2 版式设计（二）

CHAPTER 02
室内设计快题手绘的主要内容和命题解析

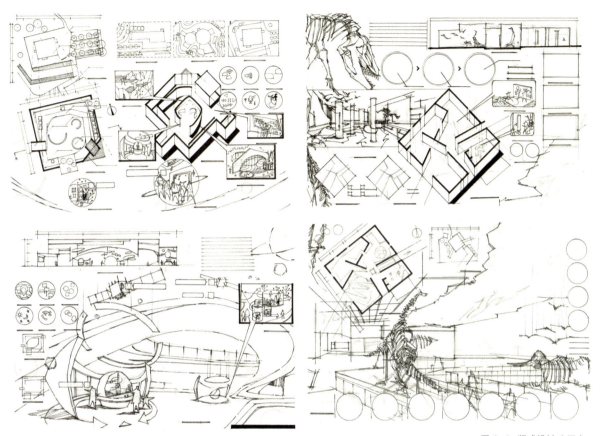

图 2-3 版式设计（三）

版式设计看似简单，但这种简单的版式设计背后所蕴含的细节和规律，才是设计能力和经验技巧的体现。从教学实践和经验中可以总结出快题手绘版式设计的基本原则，这些原则也是设计排版的常用方法和技巧。

（1）关联。关联是实现视觉逻辑的开始，相关的内容组织在一起，在视觉上应该靠近，反之，不相关的内容，在视觉上就应该远离。关联能够使原本凌乱的内容有序地组合成一个群组，而不是一个个零散的个体。

（2）对齐。对齐是美观的前提和基础，快题手绘中任何元素都不能随意摆放，而应该在保持一定联系的基础上，兼具节奏和韵律变化。对齐能够让画面更加整齐，也更加美观，对齐分为左对齐、右对齐、居中对齐和左右对齐，可以是图与图、图与字、字与字之间的对齐。

（3）重复。根据构成的基本规律，主观有意识地进行重复可以使画面连续、统一，让快题手绘具有视觉冲击力。如使用整齐排列的色块、相同段落的文字和图形。

（4）对比。对比可以突出主体，避免画面的平均造成的平淡和乏味，如大小、颜色、粗细、虚实的对比可以增强画面效果。

图 2-4 标题字设计（一）

室内设计快题手绘中的标题字除了要"好听"，还需要书写得庄重美观，即要注重字体的手绘表达。一般快题手绘中的标题字用黑色、灰色马克笔书写，偶尔也会用少量的彩色进行装饰点缀，考虑到马克笔的笔尖特点，在选择字体时，可以选择美观、具有设计感且方便书写的字体，避免选择复杂、变化丰富的特殊字体。

在练习过程中可以选择电脑字体库中现有的成熟字体，不必准备得过多，选择常用的几套字体，并熟练使用即可。

室内设计快题手绘中的标题字能够直接表明快题手绘的主题，给人直观的第一印象。快题手绘的标题如同文章的题目，是对整张快题手绘的高度概括，因此给快题手绘取什么样的"名字"很重要。名字的选择应该是对题目要求的回应，更是设计方案主题的浓缩概括，通俗易懂、易识别是最基本的要求，当然有一定的文学功底更是锦上添花。

图 2-4、图 2-5 是室内设计快题手绘中标题字设计的范例，"山水之间茶室""憩作"等标题，除传达基本信息外，又多了一层文字的意境美。

标题字设计与手绘表达

在一张快题手绘中，没有明确的要求必须写标题字，但从教学实践和经验来看，醒目、美观的标题字设计对于快题手绘是有益无害的。一方面，快题手绘的标题就像一篇文章的题目，是最能够反映主题和令人记忆深刻的地方，因此对于室内设计快题手绘而言，一个巧妙的标题能够直观地反映快题手绘的主题内容，令人过目不忘。另一方面，快题手绘中的标题字一般都是美术字体，经过系统的练习能够写出美观的字体，对于快题手绘来说也会增色不少。

室内设计快题手绘中的标题字设计也是有技巧和方法的，在选取字体时不要选择过于复杂、花哨的字体，避免出力不讨好的情况。可选择既简洁美观又方便书写的字体，可以结合POP字体的练习方法和书写工具进行系统的练习。在颜色方面，尽量使用黑色、灰色，减少彩色字体使用，避免在内容上喧宾夺主。

图 2-5 标题字设计（二）

分析图设计与
手绘表达

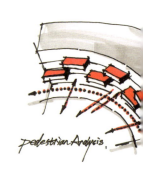

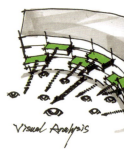

设计分析是把设计的思考过程通过图示的语言,形象地展示出来。分析的过程就是思考的过程,设计分析是设计工作的开始。设计工作就是发现问题、解决问题的过程,在某种程度上不会设计分析,一定是做不好设计的。设计之初,存在着这样或者那样的矛盾,只有通过不同的分析,才能将这些矛盾、问题——梳理清楚,为进一步的设计提供参考和依据,从这一点来看,清晰准确的分析是正确设计的基础,也是设计师进行设计的必要依据和参考。

每个设计案例基础情况不同,因此设计的分析也就不同,设计分析并没有一个固定的模式,常见的设计分析包括前期分析、基地环境分析、思维导图分析、功能分析、流线分析、视线视角分析、光照分析、空气流动分析、色彩分析、材质分析、元素分析、使用场景分析、交互分析、节点构造分析、灯光照明分析等。其中基地环境分析、功能分析、流线分析是最基本的分析,也是每一个设计方案合理可行的最基础性分析。

快题设计除了需要准确的、具有逻辑性的设计分析,还需要通过手绘表达出来,美观、简洁的手绘表达能够为快题设计增色不少,能够使快题设计更加饱满完整,更具逻辑性,同时对于考试来说也能够提高不少分数。对于室内设计快题手绘来说,一般情况下并没有对分析图的设计和手绘表达提出具体的要求,但从以往的教学经验和考试成果中发现,擅长设计分析和手绘表达的学生分数一般都很高,而没有经过分析或者只经过简单分析的快题手绘一般分数不高,原因在于从设计分析和手绘表达就能够看出学生、考生会不会设计,这也就是作者坚持让学生多练习设计分析和手绘表达的原因。因此,对于室内设计快题手绘来说,要学会设计分析,更要熟练手绘表达,把对设计的思考通过图示的语言形象地展示出来。分析图设计单体见图2-6。

CHAPTER 02
室内设计快题手绘的主要内容和命题解析

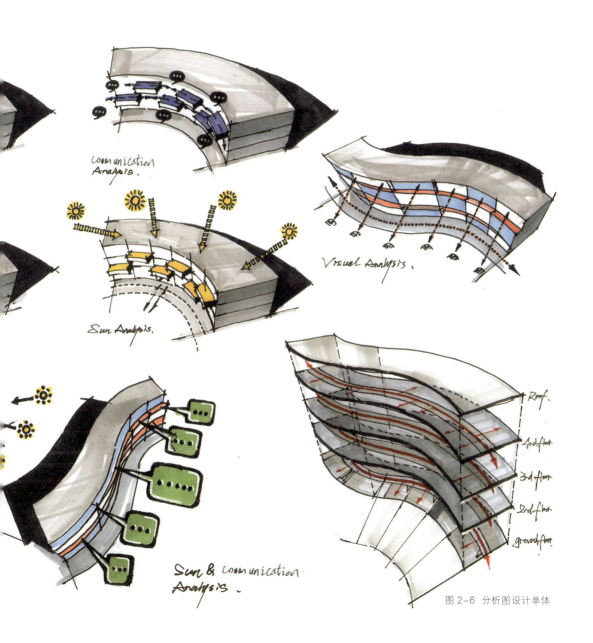

图 2-6 分析图设计单体

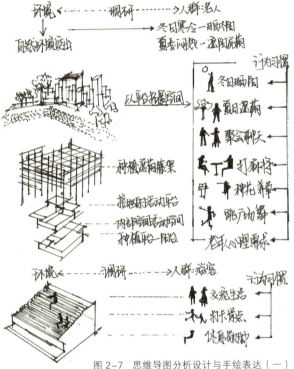

思维导图分析
设计与手绘表达

图2-7、图2-8是艺术工作室设计改造的前期思维导图分析,虽然从不同的角度进行分析,但都围绕着改造这一核心,分析梳理出很多有用的信息,这是下一步设计的参考和依据。

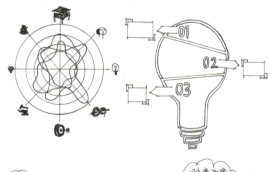

图2-7 思维导图分析设计与手绘表达(一)

思维导图分析是设计环节最基础的分析,是设计由抽象性的文字、想法、概念变为具象图示的重要过程,也是产生设计灵感、设计概念的重要阶段。这个过程实质上是把思维逻辑捋顺的过程,使错综复杂的信息和问题矛盾变得逻辑清晰、条理清晰。因此,对于设计思维的手绘表达的形式因人而异、因事而异。

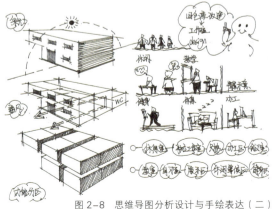

图2-8 思维导图分析设计与手绘表达(二)

对于思维导图的设计和手绘表达，要注重简洁明了、逻辑清晰、表达美观这三个方面。在室内设计快题手绘中，思维导图的分析和手绘表达所占的比重并不大，因此要在有限的图面中把设计分析思考的过程直观、形象地展示出来。

图2-9 思维导图分析设计与手绘表达（三）

图2-9、图2-10是艺术工作室设计改造的前期思维导图分析，从图面中可以看出对设计基本情况进行了全面的分析：从使用者的角度进行分析；从建筑的体块生成进行分析；从光照角度进行分析；从不同的使用功能进行分析。这些分析既相互独立，又相互联系。增加颜色的图示表达更具表现力，使逻辑关系也更加清晰，这样的思维导图分析在快题手绘中是亮点和提分点。

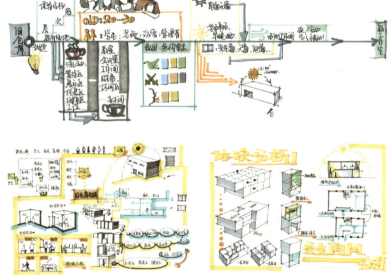

图2-10 思维导图分析设计与手绘表达（四）

功能、流线分析设计与手绘表达

功能、流线分析是设计分析中最基本的分析，也是设计环节最重要的一步，决定了设计方案是否合理，影响了建筑后期能否高效使用。功能分析是推敲方案平面布局的重要方式，气泡分析图是功能分析最常用的方式之一，图 2-11 是常用的气泡图分析手绘表达。气泡图能够体现出基本功能的布局，功能之间的大小、位置、逻辑关系，以及空间的衔接关系；能够将空间关系转换成直观的可视化图形，便于思考、推敲设计方案。

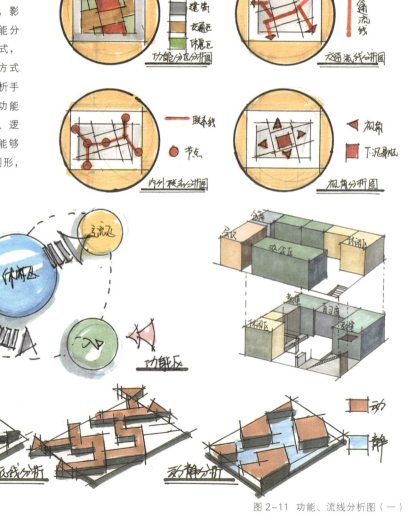

图 2-11 功能、流线分析图（一）

CHAPTER 02
室内设计快题手绘的主要内容和命题解析

流线分析是另一个重要分析，是交通流线的布局和安排，清晰的交通流线布局是各部分功能有效组织的前提。流线分析分为水平交通流线分析、垂直交通流线分析、人流交通流线分析等类型。水平交通流线分析是水平方向上的流线组织，垂直交通流线分析是立体垂直方向上的流线组织，而人流交通流线分析是对使用者的流线进行分析。使用者又可以分为对内的使用者和对外的使用者两种，为保障功能的有效使用，对内人员和对外人员应该有自己独立的交通流线组织。图2-12是功能、流线分析设计与手绘表达的范例。

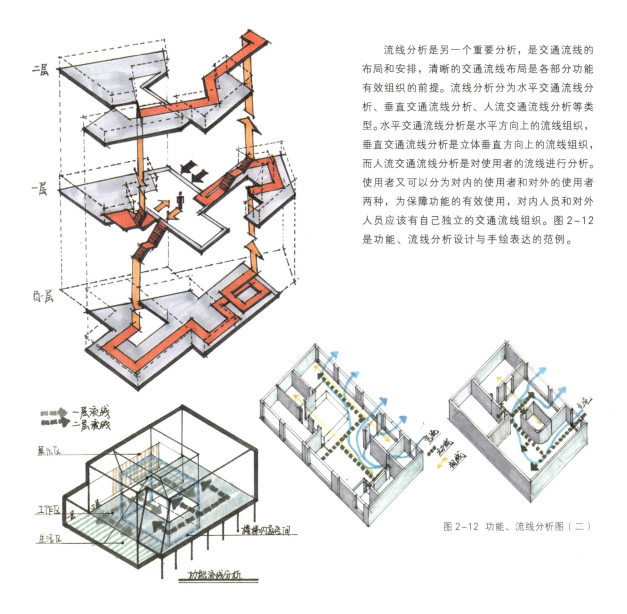

图2-12 功能、流线分析图（二）

体块生成分析设计与手绘表达

体块生成分析是建筑体量生成、推敲的过程，是体块穿插叠加、分割咬合的可视化过程，也是由简单体块生成复杂体块的演变过程。图 2-13～图 2-18 是体块生成分析设计与手绘表达的范例，逻辑清晰、表达到位。

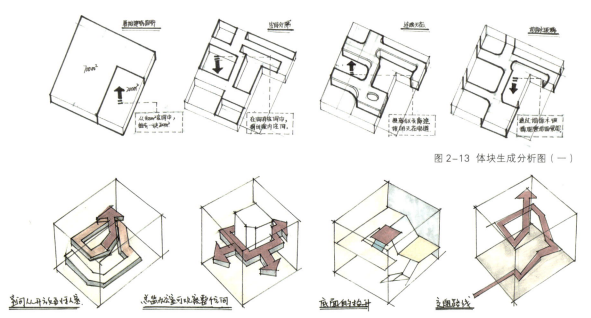

图 2-13 体块生成分析图（一）

图 2-14 体块生成分析图（二）

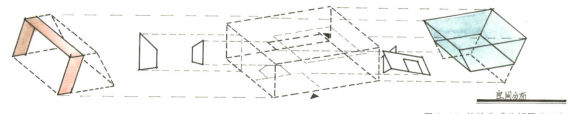

图 2-15 体块生成分析图（三）

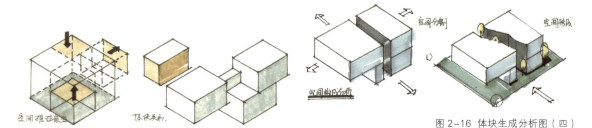

图 2-16 体块生成分析图（四）

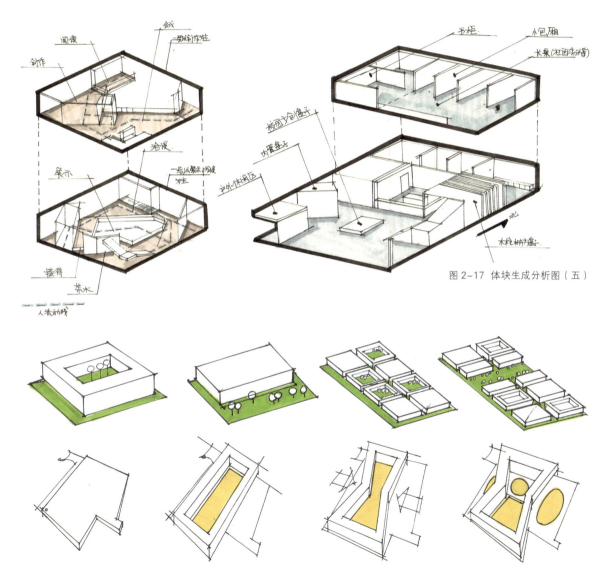

图 2-17 体块生成分析图（五）

图 2-18 体块生成分析图（六）

在室内设计快题手绘中，体块生成分析是必不可少的，一般通过几个步骤把体块生成的推导过程、逻辑关系表达清楚。体块的形态处理尽量简洁，简化不必要的元素，配上必要的符号和简短的文字说明，在颜色处理上尽量减少颜色的种类，除黑、白、灰外，一般以单色为主，使重点主题突出，直观明了。

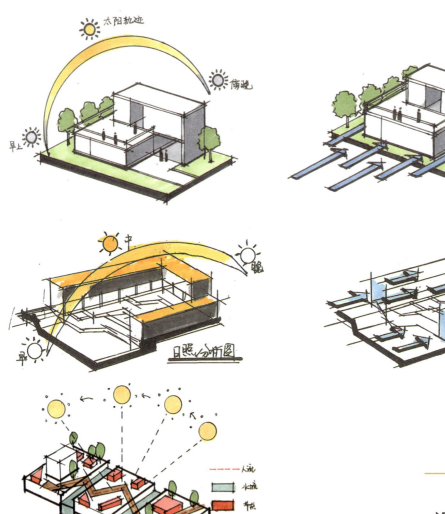

图 2-19 光照分析图（一）

图 2-20 光照分析图（二）

光照分析
设计与手绘表达

光照分析也叫日照分析，是研究建筑朝向、太阳高度角对设计方案影响的重要步骤（图 2-19~图 2-24）。虽然不可能模拟专业日照软件，达到专业级的数据分析，但对光照的基本分析是有必要的，也是判断设计方案是否合理的重要依据。

图 2-19 是光照和分析设计与手绘表达，用简单的图示表达出场地的基本环境，通过模拟太阳的运动轨迹展现其对设计基地的光照影响。

CHAPTER 02
室内设计快题手绘的主要内容和命题解析

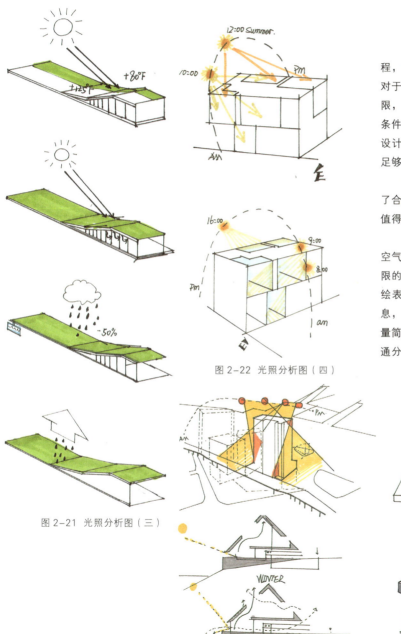

光照分析是一个专业的、复杂的过程，需要真实的模拟和大量数据的支持，对于室内设计快题手绘而言，毕竟时间有限，能够把光照对基地的有利因素和不利条件表现清楚，能够在快题手绘中体现出设计者对光照因素的考虑和分析就已经足够。

图2-24是快题手绘表达的范例，除了合理、清晰的分析，美观的手绘表达也值得学习和借鉴。

对于室内设计快题手绘中的光照和空气流通分析，一般情况下，为保证在有限的时间内达到最好的效果，分析图的手绘表达不可能面面俱到，要弱化次要信息，突出主题。因此对基础环境的表达尽量简化、弱化处理，而对光照和空气的流通分析要强化突出表达。

图2-21 光照分析图（三）

图2-22 光照分析图（四）

图2-23 光照分析图（五）

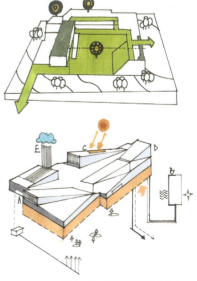

图2-24 光照分析图（六）

垂直流线分析设计与手绘表达

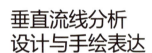

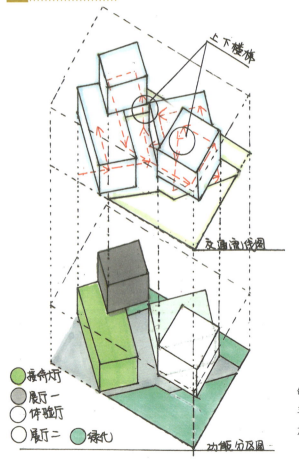

图 2-25 爆炸分析图（一）

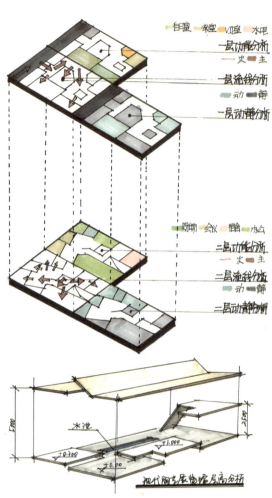

图 2-26 爆炸分析图（二）

垂直流线分析，也叫爆炸分析，当水平流线分析不能够很好地展现流线的布局时，所采用的垂直流线分析是水平流线分析的演变和优化，表达更加直观清晰，效果也更加强烈，是快题手绘中的展示亮点。

图 2-25~图 2-28 为部分爆炸分析图设计与手绘表达，值得手绘初学者、考研的学生临摹学习和借鉴。

CHAPTER 02
室内设计快题手绘的主要内容和命题解析

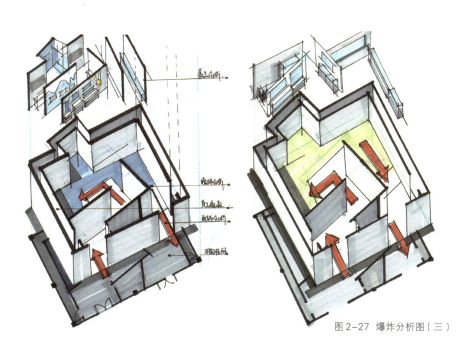

图 2-27 爆炸分析图（三）

爆炸分析图内容丰富、信息量大、视觉效果强烈，在快题手绘中绝对是重点和亮点，能够提升整张快题手绘的格调和品质。爆炸分析图相当于轴测效果图，展示效果全面，使设计方案一览无余，对设计师的设计能力和手绘表达能力提出了更高的要求。从另一个角度来说，如果对方案没有全面的认识和自信，不建议使用爆炸分析图进行展示。

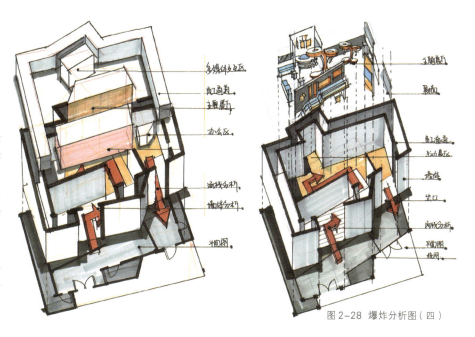

图 2-28 爆炸分析图（四）

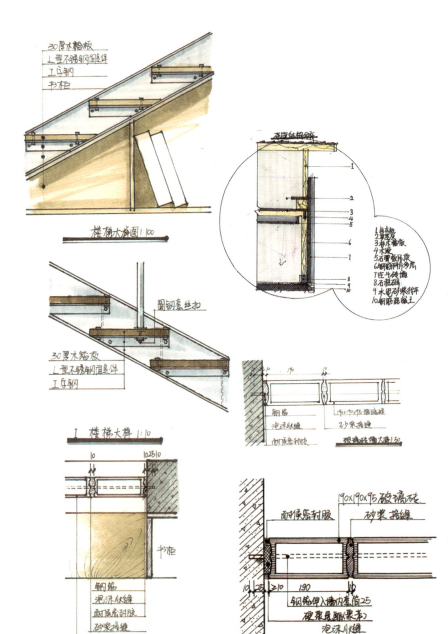

构造分析
设计与手绘表达

优秀的设计师不仅能够出色地完成概念设计，更应该对深化设计阶段的节点构造、施工工艺了如指掌，这样才能使设计方案生根落地，否则不懂施工、工艺的设计，只能在纸上谈兵，无处生根。因此在快题手绘的学习过程中，除了设计元素、设计技巧的积累，还应该掌握常用节点构造的工艺和施工方法。

图 2-29 是室内设计快题手绘中构造分析设计的手绘表达，除了展示设计者卓越的手绘表达能力，更展示了其设计能力的全面性。

图 2-29 构造分析图

元素演变分析设计与手绘表达

元素的演变分析是通过对给定的元素进行分析、提取、抽象和重组等设计过程，提取出有用的设计语言并应用到设计中的过程（图2-30、图2-31）。

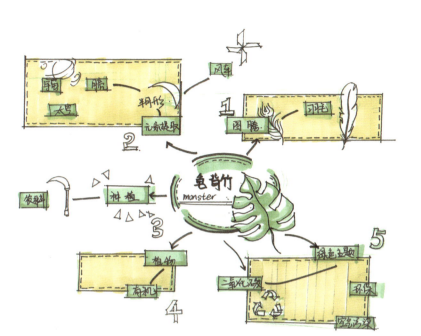

图 2-30 元素演变分析图（一）

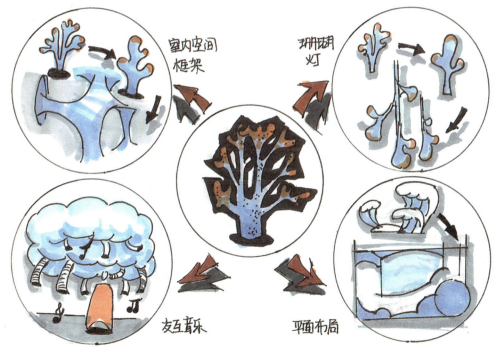

图 2-31 元素演变分析图（二）

场景分析
设计与手绘表达

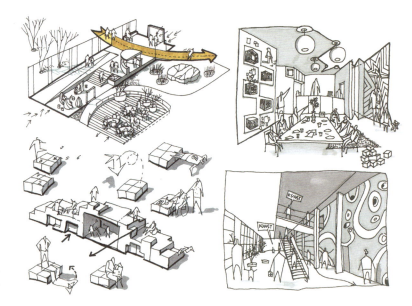

场景分析设计与手绘表达是快题手绘中分析图的一部分，不像平面图、剖立面图和效果图所占比重很大，受图量比重、时间的限制，场景分析不能面面俱到，要进行简化处理，弱化不重要的信息，强化分析的内容，做到主次突出，使分析的问题和结果一目了然。

在手绘表达过程中，场景分析一般可以分为两种形式：图示结合文字和空间场景图。简单的图示或图形结合必要的文字说明，既简单又能说明分析的问题。空间场景图效果直观，表现力强，是快题手绘中的亮点。

场景分析要求设计师对设计方案有全面的了解和全局把控的能力，如果只对局部方案进行设计和表现，整张快题手绘就会略显单薄，设计能力在某种程度上也会被埋没。

图2-32是不同空间场景的使用分析，给人以宏观的印象，使读者在短时间内对整个设计有全面的认识和了解。图2-33是对七巧板元素的前期草图分析，也是对七巧板组合的空间使用情况的场景分析。

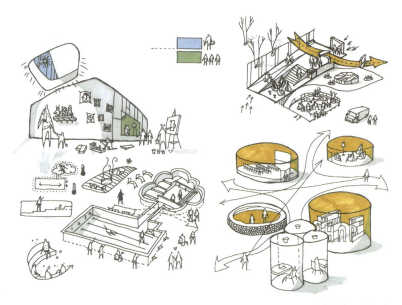

图2-32 场景分析图（一）

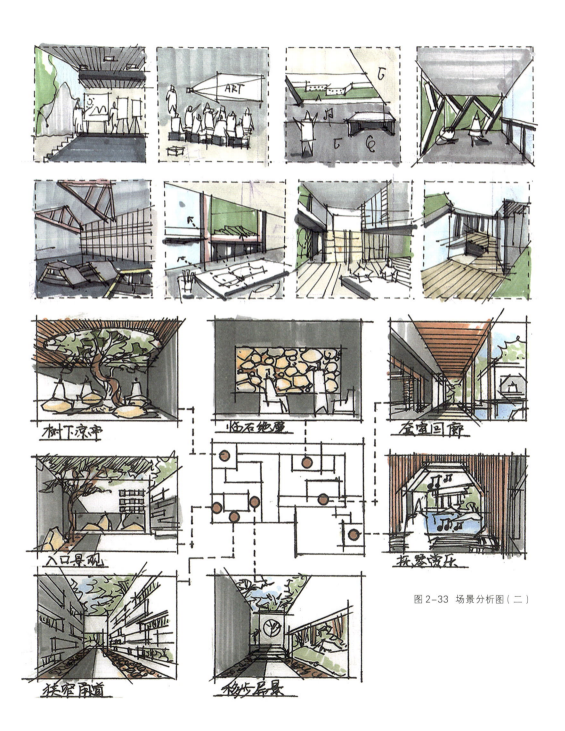

图 2-33 场景分析图(二)

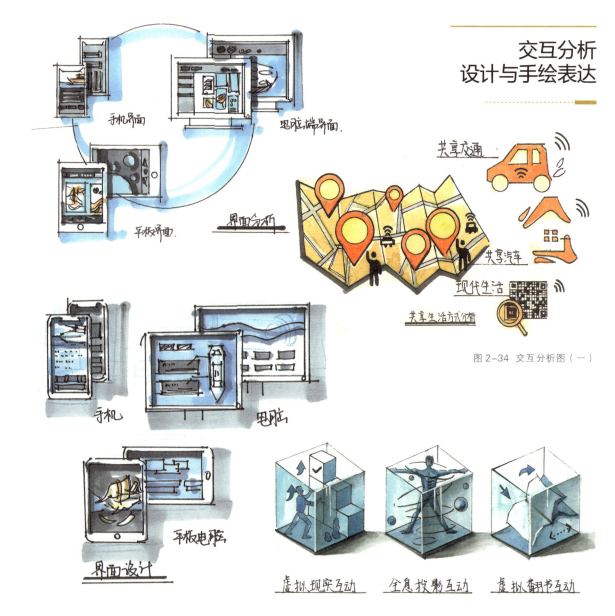

图 2-34 交互分析图（一）

CHAPTER 02
室内设计快题手绘的主要内容和命题解析

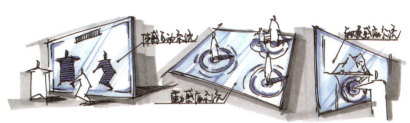
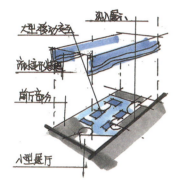

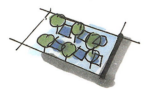
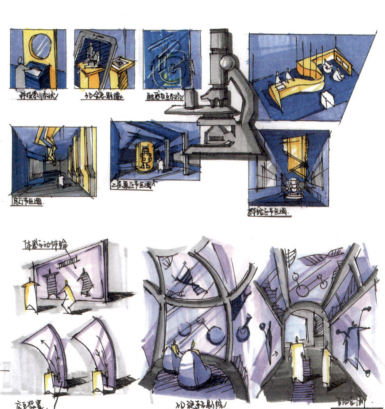

图 2-35 交互分析图（二）

室内设计快题手绘尤其是展示陈列空间设计快题手绘中，界面分析、多媒体分析、交互场景分析等交互技术手段的分析必不可少，是对展示内容的拓展和完善。因此在快题手绘中，交互分析设计和手绘表达能够使得快题内容丰富、形式多样，效果强烈。在具体表达上，交互的技术层面问题不必过多展示，可以侧重原理和视觉效果的展示和表达（图 2-34、图 2-35）。

平面图设计与
手绘表达概述

　　平面图设计也叫平面布局设计,是平面上物体的位置、比例大小关系的安排,是室内设计的重中之重,关系到室内空间功能布局是否完整、流线布局是否合理,是衡量一个设计方案是否合理的重要指标,也是快题手绘中重要的考查内容(图2-36~图2-39)。

　　在室内设计快题手绘中,平面图能体现出整个设计方案的功能划分、流线组织、空间布局和整体的设计思路,是最能反映学生设计能力和基础知识的部分,因此也是快题手绘所占分值比例最大的一部分,从某种程度上说,可以通过平面图的设计和手绘表达来衡量一个学生的设计基础和手绘表达能力。

　　平面图设计反映出设计方案的整体空间布局、功能划分和流线组织等重要信息,平面图设计和手绘表达是室内设计快题手绘的重中之重,也是学习室内设计快题手绘中最难的部分,难点在于如下三个层面。首先,制图规范是基础,平面图是设计图纸的一部分,不能过于随意和潦草,必须按照严格的制图规范进行设计,确保"画得对"。其次,手绘表达要美化,美观的手绘表达能够给平面图、快题手绘增色不少,具有表现力的同时也更具观赏性,注意"画得好"。最后,设计能力是核心,平面图反映的是平面位置上的功能布局、空间布局、流线组织和位置大小关系,因此设计合理是平面图设计和手绘表达的核心。如果设计方案不好,制图规范再严谨,手绘表达再好看,也是没有任何意义的。很多情况下,手绘表达能力通过强化训练在短期内能够得到明显提升,而设计能力是学生最难提升的部分,也是制约快题手绘分数的瓶颈,绝不是一朝一夕的事情。快题手绘考察的不是手绘能力的高低,更不是表现技法的娴熟与否,真正造成快题手绘分数差距的,不是技法和效果的表达,而是设计能力。因此在日常手绘的学习过程中,注重手绘表达能力训练的同时,要更加注重设计能力的提升,掌握好设计基础知识,了解最新的设计趋势、设计技术和设计方法。

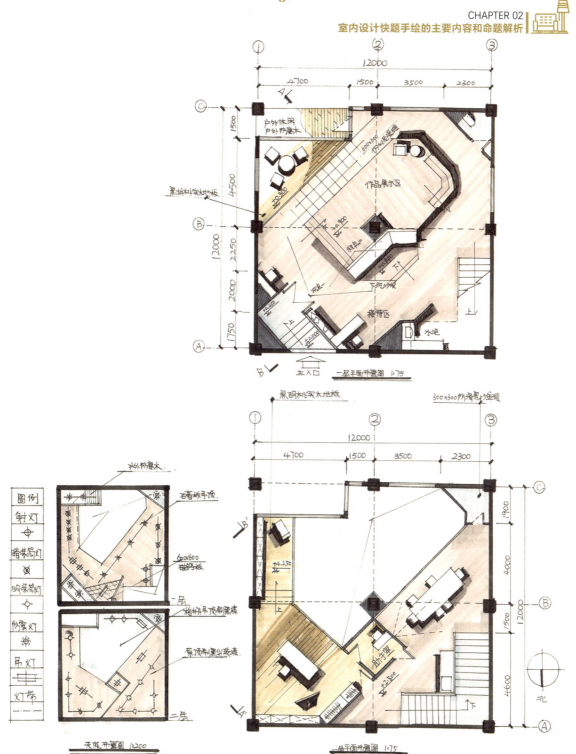

图 2-36 平面布局设计图（一）

图 2-37 平面布局设计图（二）

图 2-38 平面布局设计图（三）

平面图设计与手绘表达标准

平面图是设计图纸的一部分，是设计人员看图识图的重要参考和依据，不能像效果图、设计草图等手绘表现图过于个性化、艺术化。快题手绘中的平面图虽不能像设计软件中的平面图那样规范、准确无误，但必须做到制图标准规范、比例尺寸准确、手绘表达美观。

平面图设计手绘需要体现制图标准规范，对于平面图中的尺寸标注、剖切符号、比例尺、指北针、标高符号、粗线细线的使用，需按照制图标准规范尽量做到制图严谨、标准。

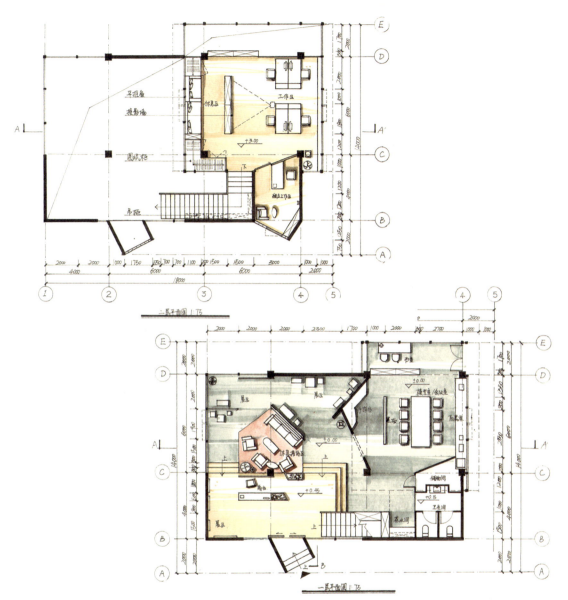

图 2-39 平面布局设计图（四）

平面图设计手绘中的比例尺寸准确是最基本的要求，在快题手绘中，要求平面图中各功能部分的尺寸计算准确，选择合适的比例尺，标注清晰。

平面图设计手绘表达要美观，在制图规范、标注准确的前提下，用笔上采用平涂，减少笔触的变化。颜色上，降低色彩的饱和度，多采用灰色调、低饱和度的颜色，做到色彩搭配协调，画面效果明亮。

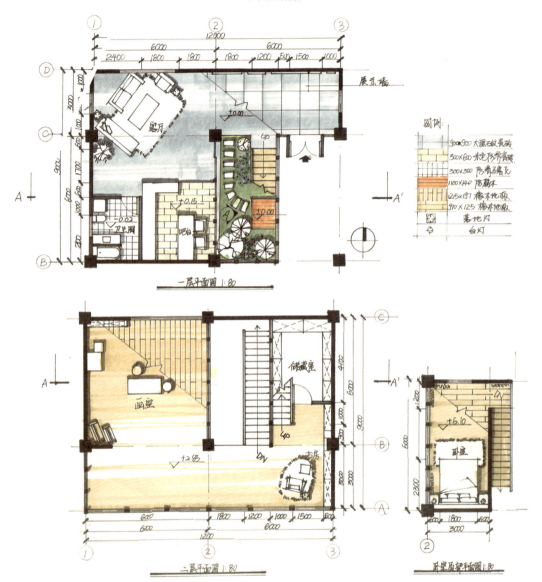

图 2-40 平面图设计与手绘表达范例（一）

平面图设计与手绘表达范例

在室内设计快题手绘中，平面图所占的分值较大，单一的平面图线稿手绘视觉效果弱且表现力不够，因此适当地上色能够区分材质、划分区域，提升画面整体效果。

平面图的上色不宜过多，选择地面铺装的大块颜色，要注意色彩关系和搭配关系，以灰色为主，可以是暖灰色或者冷灰色，搭配少量的彩色，形成"鲜灰"对比，纯色和灰色的比例为 3:7 或者 4:6，不能过于平均，一定要以一种色彩为主导，形成主色调（图 2-40、图 2-41）。

图 2-41 平面图设计与手绘表达范例（二）

图 2-42 剖立面设计图（一）

图 2-43 剖立面设计图（二）

图 2-44 剖立面设计图（三）

图 2-45 剖立面设计图（四）

剖立面图设计与手绘表达概述

除平面图外，立面图、剖面图是室内设计快题手绘中另一个重要的部分，也是对平面图基本信息进行补充的重要图纸，在室内设计快题手绘中所占比重较大。立面图、剖面图是平面图中指定位置的正投影图，反映出空间垂直方向上的设计形式、比例尺寸、材料工艺、高差等信息。设计师、施工人员将平面图、立面图和剖面图等图纸的综合信息作为设计、施工的主要依据。

平面图反映的是平面上的位置关系、空间关系和大小关系，单一的平面图传达的信息不够全面完整。因此立面图、剖面图设计是设计方案细节上的补充和完善。

立面图按投影原理，应将立面上所有看得见的细部都表示出来。但由于立面图的比例较小，如门窗扇、檐口构造、阳台栏杆和墙面复杂的装修等细部，往往只用图例表示。它们的构造和做法，都另有详图或文字说明。因此，对这些细部往往只用画出一两个作为代表，其他都可简化，只需画出它们的轮廓线。

剖面图是空间竖向内容的设计，反映出垂直方向上的设计内容、高差变化、尺寸关系，以及剖切位置的构造和工艺做法。

立面图和剖面图都是反映空间竖向设计的内容，要标明结构关系、位置尺寸关系、材料工艺等内容，剖面图除表达立面图所包含的设计内容外，还要体现出剖切位置的空间关系和结构造型的具体做法。

在室内设计快题手绘中，尽量选择高差变化大、层次细节丰富的空间进行剖立面的手绘表达，这样才能使剖立面层次丰富，效果理想。立面图、剖面图的设计手绘表达要求与平面图对应关系清晰，比例尺寸、标注索引正确，准确表达出空间中的高差变化和各造型的尺度关系（图2-42~图2-45）。剖面图的剖切位置一定要选择墙体、主体造型的位置，体现出内部的结构和构造，以便更好地表达设计方案的全部内容。

剖立面图设计与手绘表达范例

优秀的立面图、剖面图设计手绘表达（图2-46~图2-53）是建立在良好的线稿手绘基础上的，尺寸准确、比例恰当、标注索引规范、空间富有变化、层次细节丰富的立面图、剖面图设计线稿手绘能够为后期上色提供方便，减少上色的工作。

图2-46 剖立面设计图范例（一）

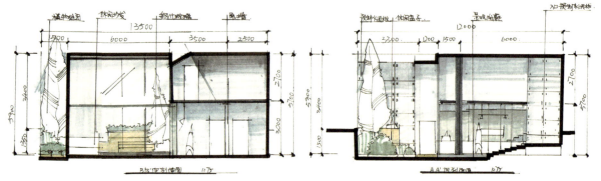

图2-47 剖立面设计图范例（二）

图 2-48 是室内空间剖立面图的设计手绘表达，剖切位置关系明确、垂直方向上设计内容丰富，富有层次变化，黑白灰运用得当，视觉效果强烈。

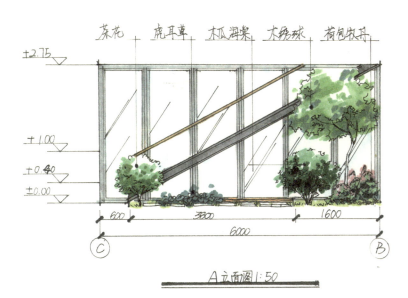

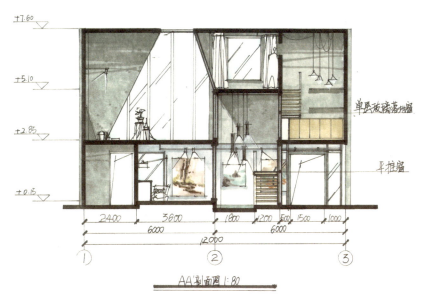

图 2-48 剖立面设计图范例（三）

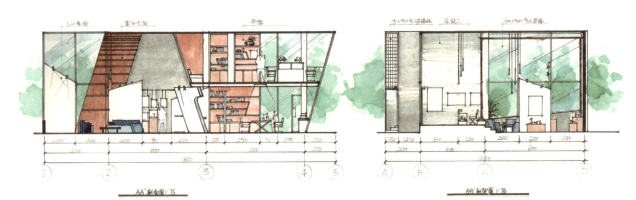

图 2-49 剖立面设计图范例（四）

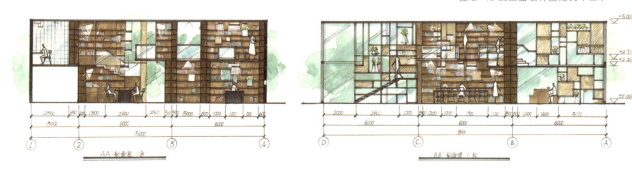

图 2-50 剖立面设计图范例（五）

良好的立面图、剖面图线稿手绘能为上色打好基础，适当的颜色搭配能够真实地表现出空间关系、光影变化和材质肌理效果，提升表现力和整体视觉效果。在颜色的选择上，要符合平面图、效果图的整体色调，与其协调统一，颜色不宜过多过杂。在用笔上，尽量使用大笔触，减少用笔的变化，局部细节可以用小笔触，形成粗细对比。

图 2-49~ 图 2-53 是室内设计快题手绘中常见空间类型的剖立面设计图，室内空间关系明确、层次变化丰富，设计细节深入，尺寸标注规范，并且适当交代了景观环境的关系，与室内空间相互衬托，相辅相成。

CHAPTER 02
室内设计快题手绘的主要内容和命题解析

图 2-51 剖立面设计图范例（六）

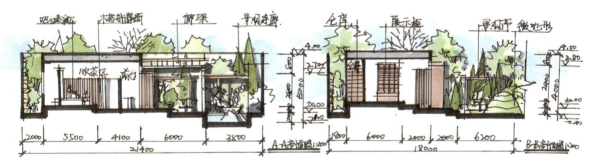

图 2-52 剖立面设计图范例（七）

图 2-53 剖立面设计图范例（八）

2.2 室内设计快题手绘的常见空间类型

人居空间
(住宅、极简住宅、独栋住宅等)
遵循原则
实用(适用)、舒适、生态、文化(品味、服务人、要求)

简餐空间
(咖啡厅、中式餐馆、西式餐厅等)
遵循原则
满足需求、风格类型

商业空间
(售卖为主,如服装店、书店等)
遵循原则
以售卖展示为主要功能

休闲空间
(绿地、校园休闲空间、广场、公园等)
遵循原则
提供娱乐、运动场所

办公空间
(互联网办公室、服装设计室等)
遵循原则
空间的流动性、灵活的工作方式

展示空间
(主题性展览展示空间)
遵循原则
流线、主题性、整体性、重点、非重点

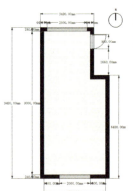

图 2-54 居住空间设计

人居空间设计

33㎡设计师/艺术家自宅室内设计

要求设置休息及工作的区域,能够满足日常生活需求及工作要求。功能划分合理,符合人体工程学,并体现使用者的性质、兴趣爱好及个性。层高 H=3000mm。

图纸要求:分析图、平面图、天花图,主要的立面、剖面图,效果图以及主要的家具尺寸图。

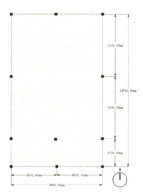

图 2-55 办公空间设计

办公空间设计

135㎡现代办公空间设计

根据所给平面进行办公空间设计,主题自定,要求满足办公的不同需求,如接待、会客、休息、会议、展示、开放式工位及独立工位等功能。层高 H=5500mm。

图纸要求:分析图,平面图、天花图,主要的立面、剖面图,效果图以及主要的家具尺寸图。

CHAPTER 02
室内设计快题手绘的主要内容和命题解析

一般情况下，目前国内院校研究生入学考试快题手绘可以分为人居空间、简餐空间、商业空间、休闲空间、办公空间及展示空间这六大类室内空间（图2-54~图2-59），每个院校结合自身的情况，在空间的面积、使用要求上有所不同，但整体上不会超过这六种空间类型，学生可以结合自己的实际情况，对这六种室内空间进行专项的学习研究和有针对性的手绘练习。

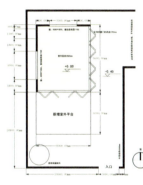

图 2-56 简餐空间设计

简餐空间设计
300 ㎡咖啡厅、茶室、（水）书吧设计

根据场地现有条件设计一处休闲空间或简餐空间，咖啡厅或茶室均可，主题不限，并在原有建筑南侧新增一个景观平台，丰富室内外的环境关系。室内部分具有茶饮、阅读及交流讨论的功能。景观部分需有水系、叠石、观赏花木、连廊、步道等景观元素。

图纸要求：室内外平面布局图，主要的立、剖面图及效果图。

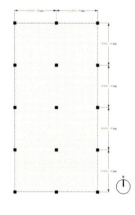

图 2-57 展示空间设计

展示空间设计
288 ㎡售楼处室内设计

根据给定的柱网条件，在12m*24m的范围内，设计一处售楼处（室内设计及景观设计），入口方向自定，入口区要有景观设计。柱间距为6000mm，并合理利用场地原有的柱子。主题及风格自定，层高H=5500mm。设计并表现出售楼处的建筑外观。

图纸要求：分析图，平面图，主要的立面、剖面图，效果图以及节点的大样图。

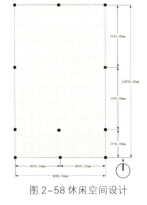

图 2-58 休闲空间设计

休闲空间设计
132 ㎡休闲空间设计

根据所给平面尺寸设计休闲空间，主题自定，要求满足休息、茶歇接待、会客、会议、展示、交流等功能，室内外环境可以统一考虑。层高 H=5000mm。

图纸要求：分析图，平面图、天花图，主要的立面、剖面图，效果图以及主要的家具尺寸图。

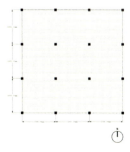

图 2-59 商业空间设计

商业空间设计
324 ㎡汽车展厅设计

根据给定的柱网条件，在18m*18m的范围内，设计一处商业空间（商业空间的类型自定），柱间距为6000mm，并合理利用场地原有的柱子。主题自定，层高H=4500mm。设计并表现出橱窗的展示设计效果。

图纸要求：分析图，平面图，主要的立面、剖面图，效果图以及节点的大样图。

2.3 室内设计快题手绘命题趋势与真题解析

清华大学 2024 环境设计学硕手绘真题及解析

题目

结合所学专业以"未来家庭"为主题，思考当今生活方式，对未来生活进行预测想象，完成设计方案。

要求：
① 画在 A2 绘图纸上有姓名、准考证号的一面，横竖构图不限。
② 考试工具不限，图文并茂。
③ 五张及以上的方案草图。
④ 选一个方案深入细化，并配文字说明。

题目解析

"未来家庭"这个题目显然是容易理解的，也是不容易跑题的。该考题也属于备考范围里较为常见的一类。只需符合题目中给出的"未来家庭"特定状态属性以及"科普"的功能属性即可。

解题思路

直接体现主题是快题设计中十分重要的准则，很多考生在理解题目特别是简单题目的时候经常会有一个误区，就是将简单问题复杂化，对题目进行二次发散理解以及表现，这样做使画面失去了主题的直观性以及信息的可达性。

清华大学 2023 环境设计专硕手绘真题及解析

题目

以共生为主题，要求：
① 体现相互竞争、相互依存，图文并茂；② 从三个方案中选择一个进行深化；③ 画在一张 A2 绘图纸上。

题目解析

清华大学的题目要求基本上每年都要变化，题目类型也是不确定的，这要求考生准备考试时打好坚实的基础来应对变化多端的考试题目。图纸数量的减少并不意味着考生表达的信息量可以减少，把原有的两张绘图纸可以体现的内容精炼融合体现在一张绘图纸上，才是制胜的关键。

解题思路

共生指两种生物相互依赖，彼此有利，并且要体现其相互竞争、相互依存的关系，共生关系比如人和动物。关键要确定好两个主体或者关系的载体，确定好表达形式，并对其有比较深入的分析，体现你的逻辑思维能力。

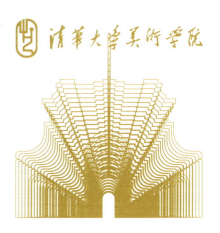

清华大学 2023 环境设计学硕手绘真题及解析

题目

以"师法自然"为主题,以自然为灵感,体现生态环保的理念,A2 纸张,横竖不限。

方案草图不少于 3 个,选择其中一个方案进行深化设计,并根据该设计写设计方案,包括但不限于研究调查、最终效果展示等(不超过 500 字)。

题目解析

相较于专硕的"共生",学硕的"师法自然"更偏向于研究性,对于设计思维及设计思考的考察更为深入。作为环艺专业学生应该考虑到,如何利用自己的专业在自然环保理念的普及方面起到推动作用或者如何运用自然环保理念来做设计,这里也包括已经成熟的自然环保理念影响下的设计方式。考生可以尝试以上两种破题思路。

解题思路

对于这种类型的题目,在解题时应该注意破题点。"师法自然"的命题,需要考生给出一个具体的回答,以一个小切入点,给出一个自下而上、以小见大的回答,而不是拉大旗,以概念性的内容来解读概念,或者非常浅显地解题。

清华大学 2022 环境设计专硕手绘真题及解析

题目

①结合两张图片(长信宫灯),以传统与现代为主题,完成一幅写实性素描。
②从两张图片提取文化元素。结合自己所学专业,完成三个方案草图,并选一个进行深入创作,有设计说明。
③命题 1、2 画在一张 A2 绘图纸上,命题 3 单独画在一张 A2 绘图纸上。

题目解析

同学们可以侧重结合图片中的造型、肌理、色彩进行分析,结合传统文化的信息展示与传承进行设计。同时需要对具象的信息进行简化、抽象化或者是几何化的处理,来达到空间形象创作的目的。而对于空间的类型,不建议同学们做任何限定,展示空间、艺术创造空间、设计师工作室、文化博物馆展示空间,甚至是餐饮空间皆可以作为设计方案的功能性承载。

解题思路

拿到题目"长信宫灯",我们可以通过对标的物的受力分析,按照形状拼接原则,结合主题形象分类,来对当代的空间进行空间结构设计及空间形象设计,此处皆为概念性的设计实验。

北京理工大学 2024 环境设计手绘真题及解析

题目

商场里的中式快餐厅设计，尺寸：14000mm×9000mm×3500mm。
要求：彩色透视效果图、平面图、立面图或剖面图、文字说明。

题目解析

对待试题题目，绝不能打擦边球，要逐字逐句地满足题目中的每一个要求。例如题目中的周围环境要求"商场里的"、风格要求"中式"、功能要求"快餐厅"、尺寸要求"14000mm x 9000mm x 3500mm"、制图要求"彩色透视效果图""平面图""立面图或剖面图""文字说明"，不满足任何一个都会成为扣分点。

解题思路

我们日常在商场中看到的餐厅，无论它是不是快餐厅，大概率在入口处旁边都有一部分玻璃隔断来展示餐厅内部氛围，当然也有一些风格比较偏向沉浸式的餐厅选择不设置玻璃隔断保障内部氛围不受干扰，这需要搭配设计风格进行考量，所以在进行空间效果表达时，应尽量体现题目中给出的环境条件。

北京理工大学 2023 环境设计手绘真题及解析

题目

以两个集装箱设计奶茶店，集装箱尺寸是 9m x 2m x 2m。
要求：彩色透视效果图、平面图、立面图或剖面图、文字说明。

题目解析

虽然北京理工大学该年的考题是集装箱，但其实与往年考查小尺寸的商业空间快题设计是一个道理，只不过相当于把小尺寸变成了集装箱。
两个集装箱的叠加是非常灵活的，有很多种解法，可以是两个集装箱简单地拼在一起构成可以使用的室内空间，也可以是不同的穿插结构，可以有两层，相互搭接，形成平台或者灰空间，也比较好处理，关于楼梯可以设置在室外，以节省本就不大的室内空间。

解题思路

主要围绕理解集装箱尺寸，确定功能需求，考虑人流和物流，制定设计方案，绘制平、立、剖、面图，细节设计和优化以及审查和调整等步骤进行。在此基础上需要考虑两个集装箱如何拼接或布局，以最大化利用空间。

北京理工大学 2022 环境设计学硕手绘真题及解析

题目

某大厅中,国产数码产品展位设计,空间尺寸为 12m x 6m x 4m,周围通道,设计需体现科技感。

要求:平面图、立面图、效果图、分析图、设计说明。

题目解析

一般的公共空间层高大约为 4m,那么在所给定的条件下,可能就不适宜做二层空间,或者说只能做极少的二层挑空空间来增加空间的层次感,同时还需注意二层空间上下的空间合理运用。然后是对其空间功能要求进行分析。本题目针对的是国产科技类展品。在画主体物的时候,画一个国外的科技产品或者其他的什么东西,那就直接跑题了。

解题思路

在准备模板时我们可以对效果图进行拆分理解,比如分为天花板、墙面、家具、灯具、高差、地面等元素,对整个空间进行拆分理解。这样当我们需要构筑不同功能属性空间的时候,便可将具有该空间属性的元素进行组合,从而形成给定的功能空间。

北京理工大学 2021 环境设计专硕手绘真题及解析

题目

冬奥会主题文创展厅。

要求:平面图、立面图、天花图、效果图、分析图以及设计说明。尺寸:12000mm x 8000mm x 4200mm。

题目解析

2021 年创作题符合北京理工大学考试传统,依旧是考查小空间,小空间就要求考生合理利用空间,熟知常用的人体工程学尺寸,准确把握不同空间的使用功能。历年来考查过的餐饮空间、办公空间、展示空间都需要对小空间有合理的区域划分。

解题思路

冬奥会无疑是 2021 年的一大热点,为了迎接冬奥会,各大部门都在紧锣密鼓地筹备着,近年来文创产品的风靡带动了相关行业的发展,考题将时势与创新相结合,让考生所思考的设计也与创新相结合。

北京服装学院 2024 环境设计手绘真题及解析

题目

未来商业空间设计。

要求：画面完整、色彩搭配合理、构图新颖、细节到位。

题目解析

"未来商业空间"这个题目显然是容易理解的，也是不容易跑题的。该考题也属于备考范围里较为常见的一类。只需符合题目中给出的"未来"时间状态属性以及"商业空间"的功能属性即可。

解题思路

商业空间与其他功能空间区别最大的方面就是商业空间将展示属性与售卖属性相结合。与展示空间相比，它要有售卖属性，在效果图中最直接的表现为各种店内的广告、店招、商品介绍。

与餐饮空间相比，它会设置更少的卡座，只有少量休息座椅，餐饮空间的流线秉承"并行多线互不干扰"的原则，而商业空间的流线大多由一条主线及多条支线组成。

北京服装学院 2023 环境设计手绘真题及解析

题目

为了传承中华民族服饰文化，让传统与时尚更好地融合，我校举办"美美与共、与美同行"活动，设计说明在 300 字以内。

题目解析

题目中重点提出的传承"民族"文化需要在快题中有尽量直观的体现。需要注意的是，经过多次提炼、抽象出来的图示往往很难"直抒胸臆"。除了"点题区"之外，能够点题的部分还有配色以及标题字。与民族文化相关的配色往往有着鲜艳浓烈的倾向，虽然平时练习可能倾向于让空间整体保持灰色的高级感，但这时候如果空间太灰可能会产生适得其反的效果。避免空间过于灰也不是要空间充斥着各种浓烈色彩，需要做到美观不艳俗，这也是处理配色关系上的难点。

解题思路

从题目上看，在设计时需要展现中国传统服饰的精髓，同时融入现代时尚元素，使两者和谐共存。

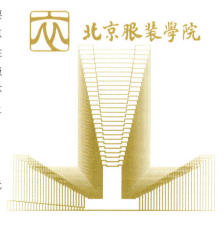

北京服装学院 2022 环境设计手绘真题及解析

题目

请你根据生活中的负面体验和痛点,从体验和功能的角度切入设计,设计说明不少于 1500 字。

题目解析

针对此类考题,很适合采用无障碍设计。相对于普通的人群来讲,弱势群体在社会上的不便之处更多。作为一个未来的设计师,若考生能在快题中体现全设计(通用设计)的思想,无疑是对题目的深度解读。

解题思路

全设计(通用设计)以及《为真实的世界设计》中涉及的理念被愈发重视。对于环艺专业的考生而言,无障碍设计的理念固然重要,但是具体的设计是否合乎使用需求也非常重要,假若不知道无障碍设计的标准,那么在考试中即便分析出题目,也很难得心应手地应对考题。

北京服装学院 2021 环境设计手绘真题及解析

题目

以"2022 冬奥会"为主题,结合本专业进行创作。

题目解析

结合热点话题、时事是考试出题的重要方向。冬奥会作为近几年的热门话题一直是快题考试预测和日常练习的题目。考生可以结合自己所学专业,进行冬奥会主题文创空间设计、观众接待中心设计,以及商业、展示、餐饮等多种类型的空间设计,在满足基本使用功能的前提下,多角度、多手段全方位展示冬奥会的主题和精神。

解题思路

冬奥会无疑是 2021 年的一大热点,为了迎接冬奥会,各大部门都在紧锣密鼓地筹备着,近年来文创产品的风靡带动了相关行业的发展,考题将时事与创新相结合,让考生所思考的设计也与创新相结合。

北京林业大学 2024 环境设计手绘真题及解析

题目

以"极致之美"为主题，按各自专业方向进行设计创作。

要求：色彩搭配合理、构图新颖、细节到位、画面完整。

题目解析

"极致之美"这个题目显然是容易理解的，也是不容易跑题的。该考题也属于备考范围里较为常见的一类。对于题目内容的表现跑题不易，但想要切实点题也不是容易的事情，最大的问题可能在于怎么让准备的内容与题目结合巧妙，怎么"套用"。

解题思路

美可以是我们对某种客观存在事物的形容；可以是我们的主观感受；可以是个人的理解；也可以是某一群体的共同认知；可以是某种可被归纳的形式规律；也可以是偶燃为之的例外。从内容上，又可以将美分为自然美、社会美、艺术美、精神美等方面。题目中要求我们表现的美，是极致之美，那么我们就可以思考一下，上述美中，哪些是我们可以准确直接地呈现在试卷上的内容。

北京林业大学 2023 环境设计手绘真题及解析

题目

以"白露"为主题进行相关设计。

题目解析

先将主题性的词汇转化成我们常用的易懂的词汇。如以"白露"为主题，首先最表面、最易明了的就是其属于二十四节气中的一个，根据这个进行分析，提取关键词。然后把关键词转化为环艺学科的语言进行设计。

这种主题性的词汇式命题适用的空间类型也较多，今年的题目可以适用于休闲空间、展示空间、商业空间等。

解题思路

白露是二十四节气中的第十五个节气。白露基本结束了暑天的闷热，天气渐渐转凉，寒生露凝。不知道白露为节气的考生也可以把它当作一个意向来理解，这个主题也是比较偏向于自然类的，白露时节，昼夜温差大，是酷暑向寒凉的转变，这个时节很适宜出游，将快题的空间类型定位为休闲空间会比较合适。

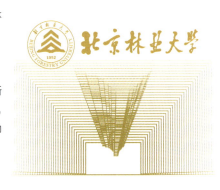

CHAPTER 02
室内设计快题手绘的主要内容和命题解析

北京林业大学 2022 环境设计手绘真题及解析

题目

以"碳适"为主题进行相关设计,根据自己专业方向进行相关创作。

要求:长 20m,宽 10m。

题目解析

先将主题性的词汇转化成我们常用的易懂的词汇。如以"碳适"为主题,首先最表面、最易明了的就是减少碳排放、绿色、可持续、节能等关键词。然后把关键词转化为环艺学科的语言进行设计。

这种主题性的词汇式命题往往适用的空间类型也较多,今年的题目可以适用于展示空间、商业空间、休闲空间。这几个类型的空间都较为符合题目。

解题思路

这种题目关键在于要求考生对当下的设计热点及基本的设计理念有一些了解,并且能很好地通过快题表达出自己的想法,也就是如何转译,这也正是训练的重点。只有这样才能画出有深度的快题作品,展现个人能力。

北京林业大学 2021 环境设计手绘真题及解析

题目

以"共生"为主题进行相关设计,根据自己专业方向进行相关创作。

题目解析

共生,首先最表面、最易明了的是绿色、可持续、人与自然和谐共处等关键词。然后把这些关键词转化为环艺学科的语言进行设计。

解题思路

共生描绘了两种生物之间既相互依赖又彼此受益,微妙地融合了竞争与依存的双重属性关系,人类与动物的关系便是一个生动的例证。在探讨共生现象时,首要任务是精准界定两个核心主体或关系的承载者,即在此例中的人类与动物。随后,需选取恰当的表达方式来阐述这一关系,无论是从生态互动、资源利用还是文化象征等角度入手。

北京工业大学 2024 环境设计手绘真题及解析

题目

结合所学专业以"贯通"为主题,完成设计方案。

要求:画面完整,色彩搭配合理,构图新颖,细节到位。

题目解析

"贯通"是一种连接的状态,既然是一种连接,那就要有连接的两端,一般来说需要贯通或连接的两端要有明显的区分或不同,如果是同质类的东西放到一起,一般就称之为归类,而不是贯通。根据这种逻辑我们就可以选定需要贯通的事物,二者间需有明显的区别甚至呈现相反的趋势,例如时间维度的"古今贯通"、空间维度的"中西贯通",或者学科范畴的"科学与艺术贯通"等。

解题思路

怎样用"自然生态类"素材体现"贯通"?怎样用"现代科技类"素材体现"贯通"?这些都是考生需要在考场解决的问题。趋势在于考查学生对题目的理解是否到位、对相关设计概念的掌握是否全面,以及是否能够活用已有的素材等方面的能力。

北京工业大学 2023 环境设计手绘真题及解析

题目

以"可持续"为主题,根据所学专业方向进行创作,内容题材不限。

题目解析

北京工业大学的考题其实是老生常谈的类型了,几乎对考试有所准备的考生都不会错过生态、环保、可持续等关键词,事实上这题能画的内容也十分广泛,几乎所有的当代设计作品都会涉及可持续发展问题,但想要明确直接地点题也是需要经过一定思考的。

解题思路

在解这类题目的时候要注意提升自己主题高度,通过多方面点题来给阅卷老师展示自己的专业度以及准备充分程度。比如,颜色方面,可以采用蓝色、绿色这种象征意义比较强的颜色来点明自己的主题;题目方面,需要考生在考场通过简明扼要的方式对主题进行升华、浓缩;除了效果图和平面图,可以通过分析图针对可持续发展的主题结合自己的设计思路以及设计成果进行分析。做到以上三点基本上是不可能跑题的。

CHAPTER 02
室内设计快题手绘的主要内容和命题解析

北京工业大学 2022 环境设计手绘真题及解析

题目

以"预见未来"为主题，根据所学专业进行创作，内容题材不限（考试时间：6 个小时）。

题目解析

相对来说比较简单的解题方法是对空间结构的材料、式样、色彩等进行替换，例如中式空间中较有特色的木质梁架结构，可将其替换为工字钢材等具有现代感、未来感的建筑材料；将原本的中式纹样替换为具有流线感、力量感的纹样、造型；在保持画面原有明度的基础上，将中式空间的暖色系替换为冷色系等。

解题思路

北京工业大学相较往年有了一个不能算是多出格的变化，考查了与"未来"相关的方向。这个题放在别的学校可能会让考生觉得很正常甚至很简单，考查范围较宽泛，只要对这个主题有所准备，基本上都是稳妥的。

北京工业大学 2021 环境设计手绘真题及解析

题目

以冬奥会为主题，结合自己所学专业进行设计。

题目解析

考试命题倾向于紧密围绕热点话题与现实事件，其中，冬奥会作为近年来的焦点议题，频繁出现在快题考试预测及日常训练题目中。考生应灵活运用自身专业知识，围绕冬奥会主题，开展文创空间设计、观众服务中心规划，以及商业、展览、餐饮等多种空间类型的创意设计。在确保满足基础功能需求的同时，考生需采用多元化的视角和手法，全面展现冬奥会的核心理念与精神风貌。

解题思路

以冬奥会为主题可以设计商业空间、展示空间、文创空间、餐饮空间等空间类型，满足功能上的使用需求，体现冬奥会主题特征和文化内涵。

北京建筑大学 2024 环境设计手绘真题及解析

题目

文创商业展示空间。

要求：画面完整、色彩搭配合理、构图新颖、细节到位。

题目解析

文创商业展示空间一定是区别于其他商业空间的，怎样体现它的文创属性？我们需要定义并限制要表现的文创种类。文创——文化创意，基于文化而产生的创意，不论是基于古代传统文化、现代科技文化还是其他类型文化都可以。首先要选定一个具体范围，表现具体内容，而不是画一个可以展示任意文创的空间，要选一种特定文创，最好是你熟悉的文化领域，这样画起来得心应手，画面的可读性也会更好。

解题思路

明确凸显主题至关重要，不少考生在解读题目，特别是面对直观题目时，常陷入一个误区：即将简单问题过度复杂化，对题目进行不必要的二次解读和展现，这种做法削弱了画面主题的直观表达及信息的直接传递性。

北京建筑大学 2023 环境设计手绘真题及解析

题目：

家具博览会展，展览内容为"中华"品牌家具，要有卧室家具的展览地方，内容不限，可以是双人床、单人床、床头柜，整个空间要有接待台及小型洽谈区。空间尺寸为 8m×16m，横距为 8m，高 7m。

题目解析

北京建筑大学往年的题目难度一直不大，都是给出关键词，进行快题设计，对于面积也没有过多的限定，这对于准备好"模版"的考生是比较好发挥的。从今年开始不仅对面积进行了限定，而且对空间类型以及主题都有了明确的规定，往年的模版突击类选手，不再能轻松应付考试。应对这类考试需要做到稳扎稳打、环艺基础扎实。

解题思路

要满足题目中所要求的功能，如接待台、小型洽谈区等的要求相对来说也比较好变通。最重要的是要体现出中华品牌以及展示空间的功能，如可以通过不同造型的展台以及展品的绘制来表达所涉及的空间的主题。

北京建筑大学 2022 环境设计手绘真题及解析

题目

以竹为主题设计一个公园茶室。

时间为 6 小时，画幅为 2 张 A1 绘图纸。

题目解析

北京建筑大学在难度上相对温和，侧重于通过提供关键词引导学生展开快题设计，且对设计面积的限制较为宽松，这一特点确实为那些提前准备有"模版"框架或设计思路的学生提供了较为灵活的发挥空间。这种考试模式鼓励学生不仅掌握基础的设计技能，还能在理解题目关键词的基础上，迅速调动知识储备，进行创意性的表达。然而，北京建筑大学考试的一大挑战在于其严格的时间限制——6 小时内需完成两张 A2 幅面的快题设计。这一要求不仅是对考生绘图速度的考验，更是对其快速构思能力、逻辑思维、设计敏感度以及应变能力的全面检验。在这样的高强度下，考生需要迅速理解题目要求，将平时积累的设计元素、风格、技巧与当前题目紧密结合，同时保证设计方案的完整性、创新性和可行性。

解题思路

以竹为主题进行设计，解题的思路有很多种。最直接的无非是在茶室的主要效果表现中直接体现竹子，或者是大面积植物的类型直接采用竹子。更高级的解题手法是进行变形，比如对竹子的形态、颜色或者含义进行提取，采用造型语言或者空间语言进行表达。

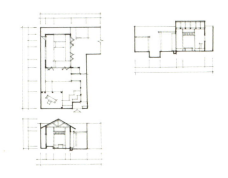
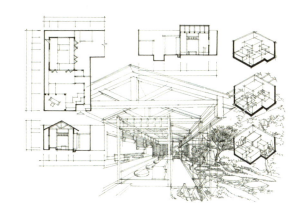

绘制步骤（一）：

在铅笔定位稿的基础上，用尺规画出各部分图纸的轮廓线和尺寸标注线。

绘制步骤（二）：

继续完善效果图和分析图的线稿手绘，注意线条的疏密节奏变化。

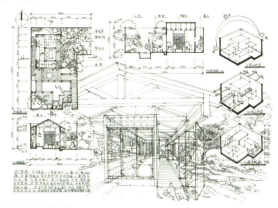
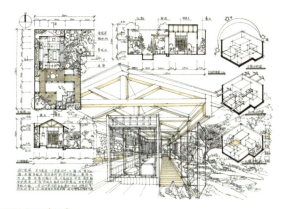

绘制步骤（三）：

绘制平面图、剖面图的线稿细节，增加尺寸标注和文字说明，完成线稿手绘。

绘制步骤（四）：

选择合适的浅木纹颜色马克笔，尝试画出快题设计中全部木纹的颜色。

2.4 室内设计快题手绘绘制步骤与方法

2.4.1 室内设计快题手绘绘制步骤与方法（一）

　　室内设计快题手绘是在规定的时间内按照考试要求进行方案的概念设计和手绘表达，考察学生的解题能力、手绘表达能力以及对专业知识的掌握情况。没有经过系统的学习与合理的步骤安排，很难在有限的时间内出色地完成设计方案和手绘表达，因此规范合理的绘制步骤显得至关重要。掌握正确合理的绘制步骤有助于养成良好的绘图习惯，以便提升快题手绘的速度和效率，这对于考研的学生而言，至关重要。

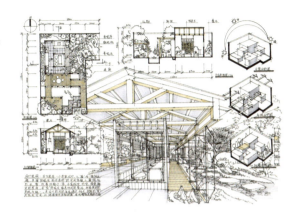

绘制步骤（五）：

选取中性的冷灰颜色马克笔，画出大面积的灰颜色，明确快题的基本色调。

绘制步骤（六）：

增加植物的绿色系，选择不同深浅、不同饱和度的绿色系，画出快题中的植物颜色。

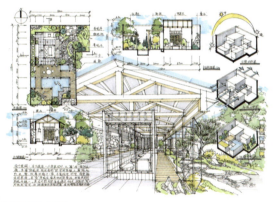

绘制步骤（七）：

选择天蓝色马克笔画出平面图中水体的颜色，以及剖面图中天空的颜色。

绘制步骤（八）：

继续用天蓝色马克笔强调出建筑的轮廓，突出建筑主体。

快题考试的时间、具体要求因学校而异，整体而言，快题的绘制可以分为以下五大步骤。

第一步，方案设计阶段，用草图的形式在最短的时间内完成题目要求的初步设计。

第二步，铅笔起稿阶段，用铅笔在纸上确定各部分图纸的位置布局、大小以及轮廓关系、结构关系。

第三步，线稿阶段，用墨线画出快题中各部分内容的墨线稿，为下一步上颜色做好准备。

第四步，上色阶段，在良好线稿的基础上，用马克笔进行适当上色，表现出物体的体积关系、材质色彩关系、光影效果等。

第五步，调整阶段，根据画面调整黑白灰关系，添加重色和活跃画面的颜色，丰富完善细节。

绘制步骤（九）：

用棕色马克笔画出屋顶结构和部分木纹材质，使颜色丰富，对比强烈。

绘制步骤（十）：

增加重色，加深投影和暗部的颜色，提高画面对比度，使黑白灰关系明确，视觉效果强烈。

优秀的设计方案是手绘表达的根本和基础，茶室设计方案巧妙，空间通透，与景观环境融为一体。设计分析全面、表达到位，效果图透视感、空间感处理到位，是难得的快题设计手绘作品（图2-60）。

S学长
— 清华大学美术学院硕士研究生

CHAPTER 02
室内设计快题手绘的主要内容和命题解析

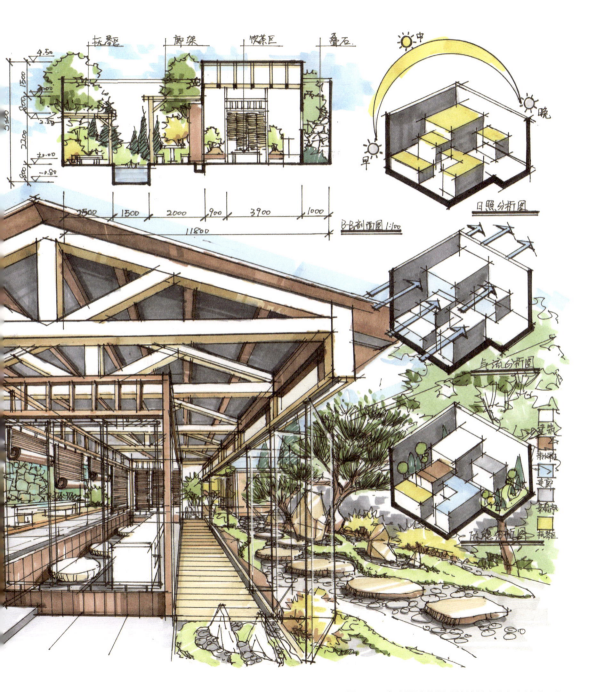

图 2-60 室内设计快题手绘绘制步骤与方法（一）

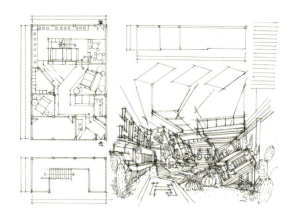
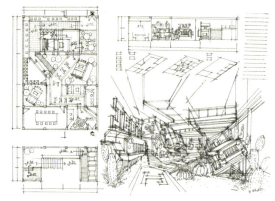

绘制步骤（一）：

在铅笔定位稿的基础上，用尺规画出各部分图纸的轮廓线和尺寸标注线。

绘制步骤（二）：

继续完善效果图和分析图的线稿手绘，注意线条的疏密节奏变化。

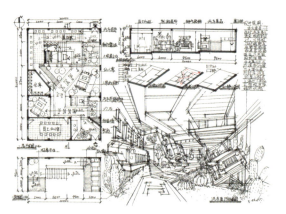
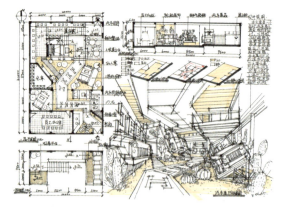

绘制步骤（三）：

绘制平面图、剖面图的线稿细节，增加尺寸标注和文字说明，完成线稿手绘。

绘制步骤（四）：

选择合适的浅木纹颜色马克笔，尝试画出快题设计中全部木纹的颜色。

2.4.2 室内设计快题手绘绘制步骤与方法（二）

室内设计快题手绘是在规定的时间内按照考试要求进行方案的概念设计和手绘表达，考察学生的解题能力、手绘表达能力以及对专业知识的掌握情况。没有经过系统的学习与合理的步骤安排，很难在有限的时间内出色完成设计方案和手绘表达，因此规范合理的绘制步骤显得至关重要。

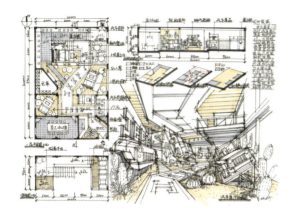

绘制步骤（五）：

选取中性的冷灰颜色马克笔，画出大面积的灰颜色，明确快题的基本色调。

绘制步骤（六）：

增加休息区、洽谈区等红色系。

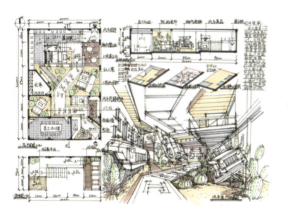

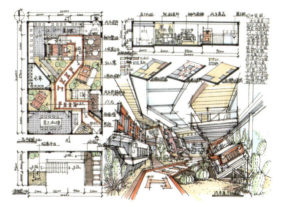

绘制步骤（七）：

增加植物的绿色系，选择不用深浅、不同饱和度的绿色系，画出快题中的植物颜色。

绘制步骤（八）：

继续用天蓝色马克笔强调出建筑的轮廓，突出建筑主体。

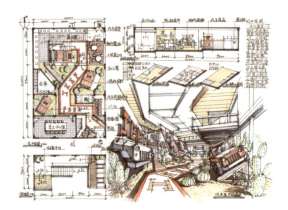

绘制步骤（九）：

用棕色马克笔画出屋顶结构和部分木纹材质，使颜色丰富，对比强烈。

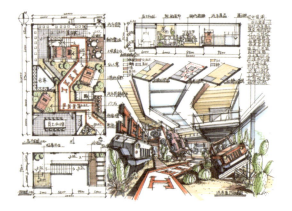

绘制步骤（十）：

增加重色，加深投影和暗部的颜色，提高画面对比度，使黑白灰关系明确，视觉效果强烈。

在日常练习过程中，要总结快题手绘的步骤，一般可以分为方案设计阶段、铅笔起稿阶段、线稿阶段、上色阶段、调整阶段五大步骤。如果划分细致，绘制步骤可以更细，如图2-61所示。

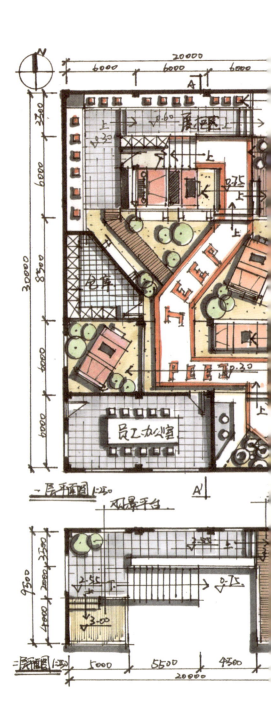

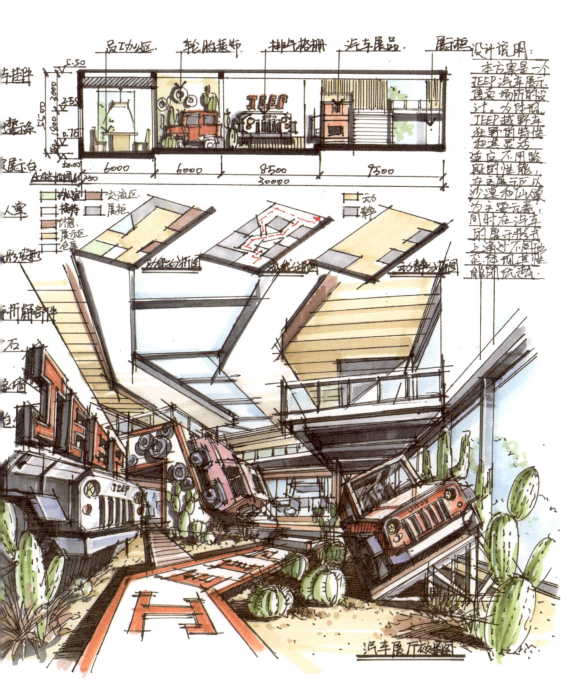

图 2-61 室内设计快题手绘绘制步骤与方法（二）

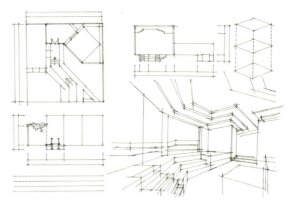

绘制步骤（一）：

用 5H 的铅笔起稿，把各部分图的位置关系、轮廓关系轻轻确定下来。

绘制步骤（二）：

绘制定位轴线，用尺规画线把各部分图的位置、大小、轮廓线绘制出来。

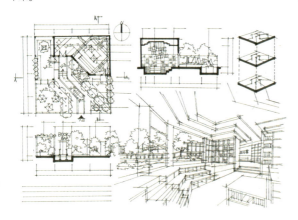

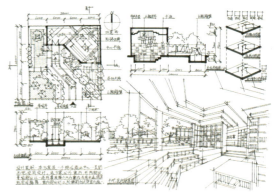

绘制步骤（三）：

绘制平面图、剖面图的线稿细节，增加尺寸标注和文字说明，完成线稿手绘。

绘制步骤（四）：

在确保构图、位置、比例、大小关系正确的前提下，绘制各部分图的主要轮廓线、结构线。

2.4.3 室内设计快题手绘绘制步骤与方法（三）

室内设计快题手绘考试要求考生在规定时限内，依据考试指令进行方案的概念构思与手绘呈现，以此检验其解题技巧、手绘技巧及对专业知识的掌握深度。缺乏系统性学习与科学步骤的规划，往往难以在紧迫的时间限制内高质量地完成设计与手绘任务，因此，一套规范且高效的绘图流程显得尤为重要。

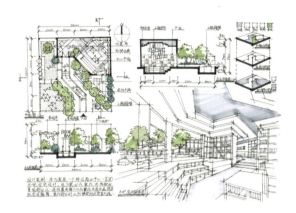

绘制步骤（五）：

确定基本色调，用灰色马克笔铺大面积的区域，用灰绿色马克笔画出植物的主体颜色。

绘制步骤（六）：

用天蓝色马克笔画出水体和天空的基本颜色，注意水体和天空的用笔变化。

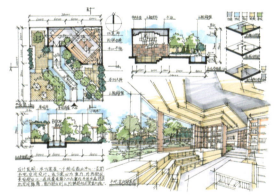

绘制步骤（七）：

选择合适的木纹颜色，注意与其他颜色的协调搭配，大面积画出画面中木质的颜色。

绘制步骤（八）：

局部适当补充深绿色，使其具有层次变化，完成画面整体铺色，形成色调。

绘制步骤（九）：

增加重色，表达光影变化。在原有色调基础上，局部颜色加重，增加层次变化，提高对比度。

绘制步骤（十）：

丰富分析图和局部细节，增加暗部颜色，提高对比度，使画面的黑白灰关系强烈。

整张快题室内外环境兼顾，很好地处理了室内空间与景观环境的关系，反映出设计者良好的环境意识。手绘表达娴熟，效果图层次丰富，空间感强（图2-62）。

S学长
—— 清华大学美术学院硕士研究生

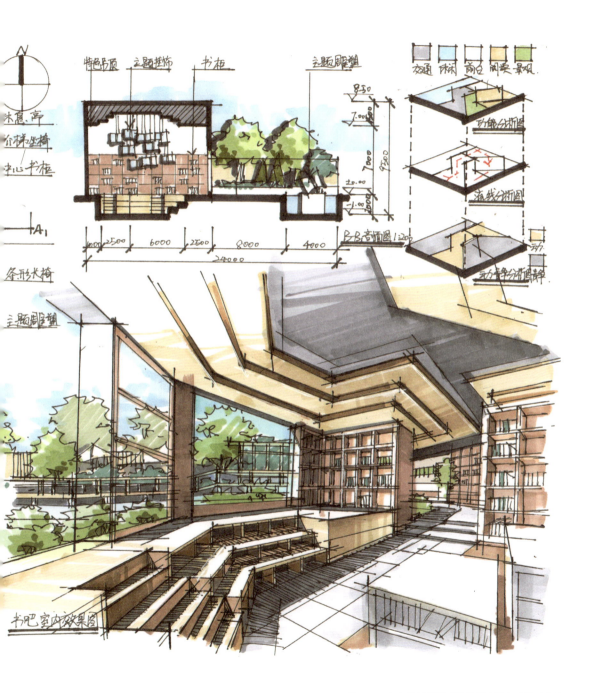

图 2-62 室内设计快题手绘绘制步骤与方法（三）

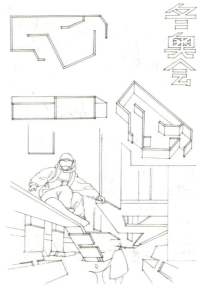

绘制步骤（一）：
在保证大的位置关系、结构关系正确的前体下，用铅笔增加细节。

绘制步骤（三）：
开始上墨线，把握看大画大的原则，用针管笔画出各部分的大轮廓线和结构线。

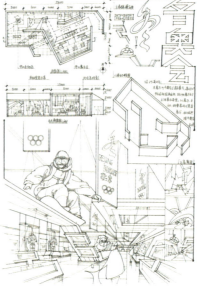

绘制步骤（二）：
完善空间各部分的细节，调整大的位置关系，丰富和增加铅笔稿细节，为下一步上墨线打好基础，至此完成铅笔稿的全部过程。

绘制步骤（四）：
完善尺寸标注、文字说明、标注索引等信息，强调结构线、轮廓线等线型关系，拉开层次，完成墨线稿，为上色打下基础。

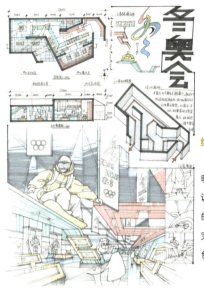

绘制步骤（五）：
铺大色阶段，明确画面整体色调，按照由浅入深的原则，快速铺完大面积区域的颜色，形成色调。

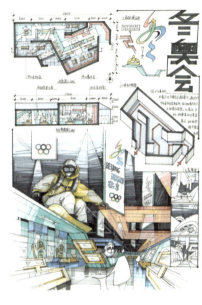

绘制步骤（七）：
形成基本色调后，用重色加深暗部和投影的颜色，表现体积感和光影效果，使画面拉开层次，形成对比。

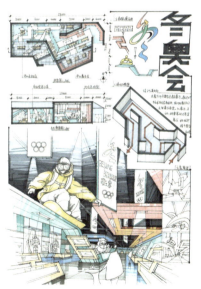

绘制步骤（六）：
在建立起色调关系、体积关系后，完成冬奥会主视觉的颜色，丰富画面色彩关系，使画面统一中有层次变化。

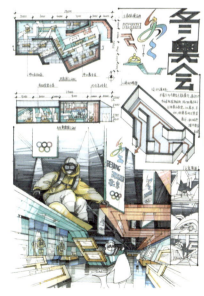

绘制步骤（八）：
根据画面目前效果，增加局部细节并调整整体画面，再微调画面的局部细节，至此完成全部上色。

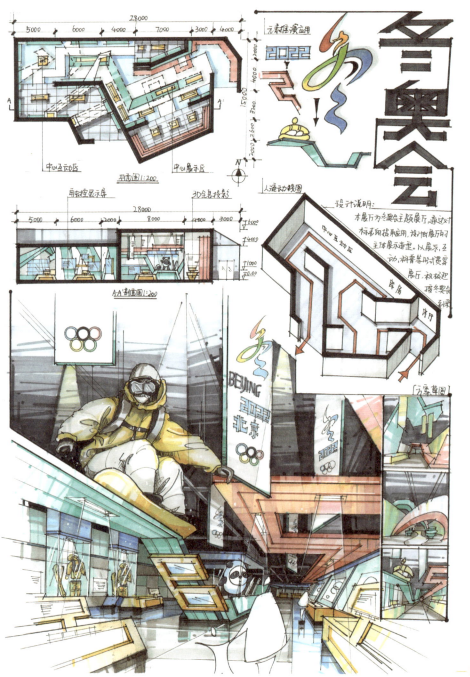

冬奥会主题展示空间设计

新蕾艺术学院学员作品

结合当前热点话题，冬奥会主题的展厅设计是近两年众多院校考察的重点，这张快题设计功能布局合理、创意新颖，手绘表达熟练，效果图透视感、空间感处理到位，视觉冲击力强烈，是难得的快题设计手绘范例（图2-63）。

S学长
——清华大学美术学院硕士研究生

图2-63 室内设计快题手绘绘制步骤与方法（四）

人居空间室内设计快题手绘范例及评析

人居空间也叫居住空间，是家庭和个人日常起居的空间，人居空间设计是室内设计最常见的类型，也是快题手绘中最基本的考察类型。人居空间是对室内环境进行功能布局、空间布置、软装饰品、灯光采光等多方面的设计。其面积较小、功能相对单一，能够体现人机工程学和细节设计因素，因此是很多院校专业设计基础重点考察的空间类型，如艺术家自宅、三口之家、设计师居所等。

CHAPTER 03

人居空间室内设计快题手绘

新蕾艺术学院学员作品

本张快题采用轴测图的方式表达隔断较多的空间，是一种十分可取的方式。需要注意的是，快题分析图画得过于潦草，有未完成之感，同时在排版上也需要下更多心思，有散乱之嫌；最为简单的提升办法就是将每部分的制图都进行放大处理，使得排版更为紧密、丰富（图3-1）。

K学姐
——北京服装学院硕士研究生

图3-1 人居空间室内设计快题手绘（一）

人居空间室内设计快题手绘

新蕾艺术学院学员作品

表现技法熟练，右侧光影效果表达较好，主体物的刻画细节丰富。平面布局功能合理，流线清晰。主题为展示空间，方案中对展示形式及功能的分析图较少，加入一些细节功能的展示可使方案更完整、切题。快题左下角分析图部分形式新颖，分析思路清晰且全面，是整张快题的亮点（图3-2）。

G学姐
——北京工业大学硕士研究生

图3-2 人居空间室内设计快题手绘（二）

人居空间室内设计快题手绘

新蕾艺术学院学员作品

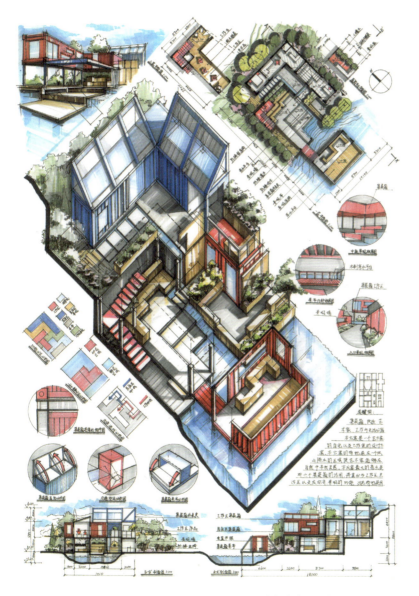

集装箱建筑改造，设计巧妙，构图新颖，排版大胆且合理有序，主效果图很有张力。展示空间功能划分的构思新颖，功能分析清晰合理。整体用色跳跃丰富，但不同色系的颜色出现较多，画面稍显花乱（图3-3）。

L学长
——清华大学美术学院硕士研究生

此快题手绘作品是一套拥有局部地形的快题设计方案，绘图者充分利用其地形特点进行设计，对集装箱这一素材进行多种解构、重置；版式活泼自然；画面设色主题明确；明暗对比张弛有度。

S学长
——清华大学美术学院博士研究生

图3-3 人居空间室内设计快题手绘（三）

人居空间室内设计快题手绘

新蕾艺术学院学员作品

图 3-4 人居空间室内设计快题手绘（四）

以四口之家为主题的居住空间快题设计，画面整体饱满，细节丰富，重点突出，尤其是效果图表现到位，空间感强烈，前景家具巧妙的留白处理，使得画面主次分明（图 3-4）。

此四口之家设计方案功能布局合理，流线清晰，巧妙地利用了挑高空间，使得各功能区划分合理。整张快题色彩统一，采用简单的配色将空间的体积关系、色彩关系表现出来，但整体深入程度不够，只是简单地铺了大色，缺少深入细节的表现。

K 学姐
— 北京服装学院硕士研究生

S 学姐
— 清华大学美术学院硕士研究生

人居空间室内设计快题手绘

新蕾艺术学院学员作品

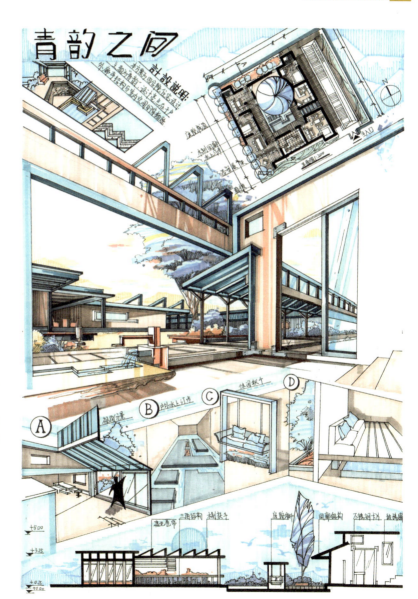

以青韵为主题的四合院居住空间快题设计，设计的一大亮点在于户外廊亭结构与室内空间的巧妙衔接，另一设计亮点是整体的快题配色，围绕青韵的主题，色彩搭配高级，令人眼前一亮（图3-5）。

Z学姐
——清华大学美术学院硕士研究生

具有构成感的版面设计、强烈的空间感、高级的色彩关系及丰富的画面层次使得这张快题能够在考试中脱颖而出。其中效果图的表现尤为突出，巧妙的留白处理以及简单的用笔使得画面耐人寻味。

Y学长
——清华大学美术学院硕士研究生

图3-5 人居空间室内设计快题手绘（五）

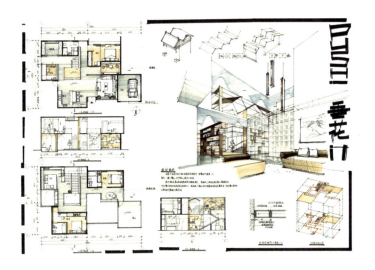

图 3-6 人居空间室内设计快题手绘（六）

人居空间室内设计快题手绘
新蕾艺术学院学员作品

本套快题的制图部分完成度高，显示出快题设计的专业性与严谨性；效果图部分简洁明了，明暗对比清晰，后期在对其进行优化时，可以进行更多细节刻画，同时也需要对分析图进行替换，合理重置版式，避免出现大面积留白的情况，否则有块体整体未完成的嫌疑（图3-6）。

H 学姐
— 清华大学美术学院硕士研究生

图 3-7 人居空间室内设计快题手绘（七）

人居空间室内设计快题手绘
新蕾艺术学院学员作品

10㎡的住宅空间设计，以拱形及圆形为设计元素，丰富且复杂多变的空间关系给人以层次丰富的体验。整张快题简洁明了，没有过多的修饰，将空间结构关系通过轴测图清晰地表达出来，整体画面略显简单，缺少丰富的细节（图3-7）。

S 学姐
— 北京服装学院硕士研究生

图 3-8 人居空间室内设计快题手绘（八）

该方案设计规范，内容完整，排版大胆，主次分明。轴测效果图表达得合理清晰，具有张力，视觉冲击力很强，抓人眼球。方案的创新点也展现得全面、具体、合理。入口的折形走廊、红色景观构筑装置增强了空间的节奏感，水系的处理活跃了空间，在空间的细节处理上较为详细到位。植物分析、节点构造分析使得方案更加全面完整（图3-8）。

Y 学长
—— 清华大学美术学院硕士研究生

快题整体色调统一和谐，富有张力。鲜灰对比得当、主次分明。排版自然、活泼，张弛有度。选用轴测图作为主要效果图，配合局部节点透视效果图进行补充说明，内容详实、丰富；效果图与制图对照严谨。方案也采用大量折线来破形，打破整体空间"规矩感"，使得整个空间富有动感与活力。

H 学姐
—— 清华大学美术学院硕士研究生

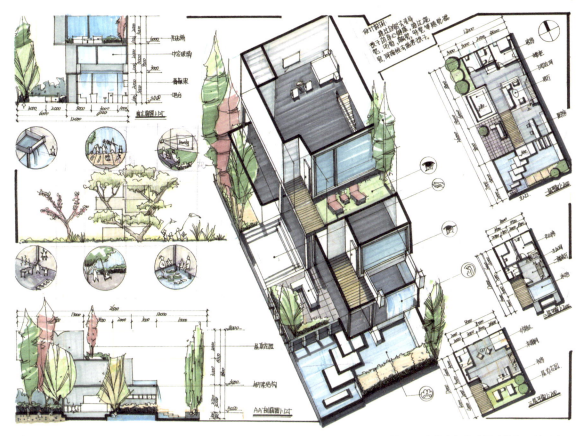

图 3-9 人居空间室内设计快题手绘（九）

　　整体为三层的居住空间设计，将室外景观引入室内空间，通过自然环境保障孩子的身心健康。设计大胆巧妙，表现上以轴测图为核心，结构清晰、手绘表达到位、视觉冲击感强烈（图3-9）。

　　不论是整张快题，还是快题每个部分，都应该注意主次划分，主次可以通过明暗对比、细节的丰富程度、色彩的鲜灰对比进行表达。细节过多或者全无细节都会使画面显得呆板，需要引起注意；需要对分析图的细节进行处理，使得图像化语言更清晰、简单、易懂，对文字也要进行对齐排版。

K 学姐
——北京服装学院硕士研究生

S 学姐
——清华大学美术学院硕士研究生

CHAPTER 03
人居空间室内设计快题手绘范例及评析

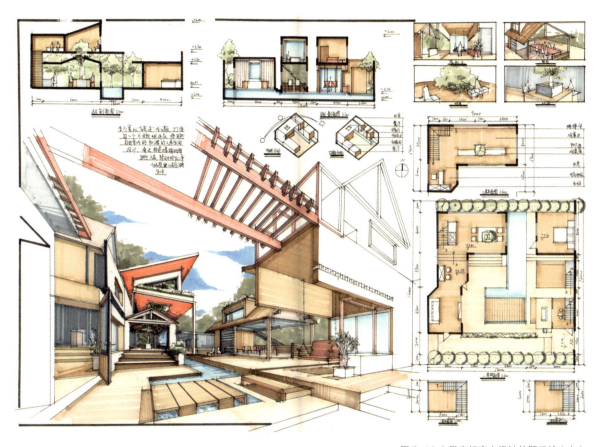

图3-10 人居空间室内设计快题手绘（十）

以"碳适"为主题的居住空间设计，旨在打造一个与自然环境相适应、室内与室外环境相适应、人与自然相融合的人居空间，快题表现完整，手绘表达充分（图3-10）。

效果图作为快题的重中之重，占据了整个快题的核心位置，巧妙的留白处理使得效果图通透，远近层次分明，但中景缺少视觉焦点。平面图的体积关系、光影关系没有交代清楚，使得画面的深入程度不够，缺乏细节的刻画。

S 学姐
— 清华大学美术学院硕士研究生

S 学姐
— 清华大学美术学院硕士研究生

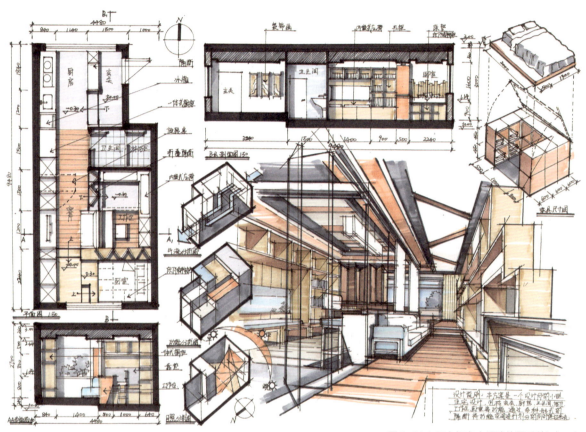

图3-11 人居空间室内设计快题手绘(十一)

本套快题制图工整、严谨、详实，绘图者善于运用模板制图工具，省时省力，事半功倍。设色统一和谐，明暗对比处理得当，对主体细节进行细致刻画，巧用留白，并以重色衬托。将分析图自然地融入排版，值得注意的是，绘图者在图中留下许多参考线和作图痕迹，使得图纸专业性增强的同时丰富细节（图3-11）。

L学姐
——北京林业大学硕士研究生

该方案平面设计功能布局合理，流线清晰。平立面的绘制非常规范且细致、全面，功能分析也表达得清晰明确。方案的手绘表达熟练，颜色搭配和谐。

整体方案构图略显紧凑，主效果图张力不够，与选择的视角和大小有关；效果图右侧的柜架可再增加一些细节来展示其功能。

G学姐
——北京工业大学硕士研究生

商业空间室内设计快题手绘范例及评析

商业空间作为室内设计的一个类型，内涵丰富、形式多样、功能复杂，面积较大，设计内容多，除具备商业空间一切功能外，还兼具展示功能。在原有商业展示的基础上，当前多媒体、数字化的展示更加受到商业空间的青睐，大面积的广告屏幕、交互体验装置被应用到各种各样的商业空间中，因此也常作为室内设计快题手绘的出题方向。室内设计快题手绘中常见的商业空间有文创商店、专卖店、餐厅等类型。

CHAPTER 04

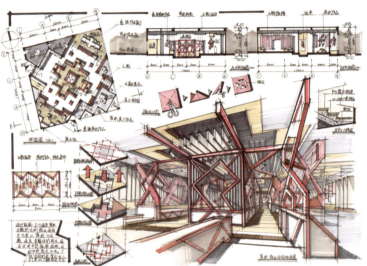

商业空间室内设计快题手绘

新蕾艺术学院学员作品

以剪纸为主题的文创空间设计，巧妙使用剪纸镂空的元素，将空间的框架与其结合，空间主题鲜明，层次丰富，色彩搭配巧妙，手绘表现技巧娴熟，是一份较为完整的快题手绘作品（图4-1）。

S 学姐
—— 清华大学美术学院硕士研究生

图 4-1 商业空间室内设计快题手绘（一）

商业空间室内设计快题手绘

新蕾艺术学院学员作品

方案从排版设计到内容设计都具有很高的完整度，表现技巧熟练，画面整洁，将具有天津特色的商业空间氛围表现得很好。平、立面制图合理规范，分析图清晰明了，整体方案值得借鉴。局部的节点构造分析使得设计方案更加全面、完善。整体而言，快题中缺少细致刻画的区域，精细度不够（图4-2）。

L 学姐
—— 北京林业大学硕士研究生

图 4-2 商业空间室内设计快题手绘（二）

CHAPTER 04
商业空间室内设计快题手绘范例及评析

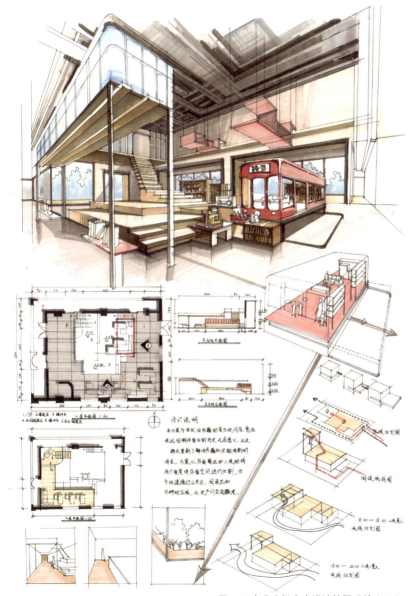

图 4-3 商业空间室内设计快题手绘（三）

商业空间室内设计快题手绘

新蕾艺术学院学员作品

以售卖旧书为主题的商业空间设计，传达文物背后的历史纪念意义。方案从消费者需求、功能划分及流线设置入手，两组分析图设计及表达到位，清晰地将设计思路展示出来。灰色系的配色使得整张快题充满了复古风，与商业空间的主题相适应。但除效果图外，其余的图缺少进一步的表现，略显简单，有种未完成的感觉（图4-3）。

S 学姐
——清华大学美术学院硕士研究生

图 4-4 商业空间室内设计快题手绘（四）

商业空间室内设计快题手绘

新蕾艺术学院学员作品

以书店为主题的室内设计快题手绘，以放大的效果图为室内视觉中心，视觉冲击力强烈，两侧的窗户隐约透出室外的景观，使得空间丰富通透，空间感十足。但立面、剖面略显简单，缺少细节和信息的交代（图4-4）。

K 学姐
——北京服装学院硕士研究生

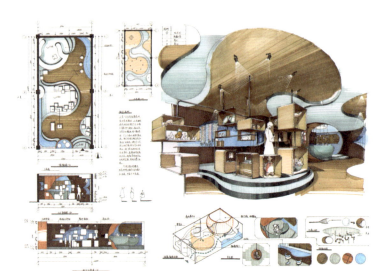

图 4-5 商业空间室内设计快题手绘（五）

商业空间室内设计快题手绘

新蕾艺术学院学员作品

此套快题整体线条语言统一，均为随形曲线，但需注意曲线空间的透视问题，切勿画出不符合透视规则的空间结构；快题整体设色较为统一，但需注意局部设色过重会造成主次混淆，尤其是在平面、立面制图部分。可适当添加灰调空间作为背景；添加更多文字注释可以提高快题专业性（图4-5）。

L 学姐
——北京林业大学硕士研究生

商业空间室内设计快题手绘

新蕾艺术学院学员作品

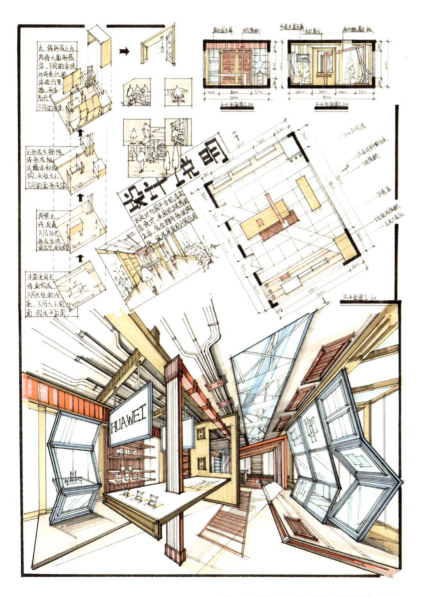

此快题是手机的专卖店设计，快题设计完整，方案紧扣工业产品细节感、科技感的主题。几组分析图设计使得快题内容丰富，细节满满，为快题增色不少。相比而言，整张快题的色彩搭配问题较大，缺少大面积的重色和色块，零碎的用笔过多，尤其是效果图，略显凌乱。平面图缺少体积关系和投影关系的表达（图4-6）。

S学姐
——清华大学美术学院硕士研究生

图4-6 商业空间室内设计快题手绘（六）

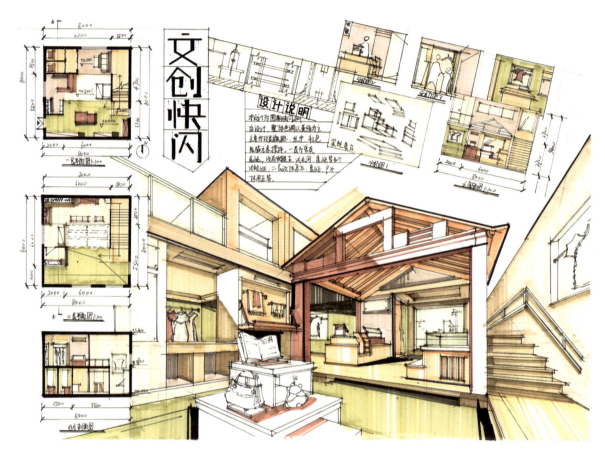

图 4-7 商业空间室内设计快题手绘（七）

  国潮风格的文创快闪店设计，整体色调以黄绿色为主，效果图空间感、透视感、形式感强烈，主次分明，处理得当。值得一提的是快题手绘的用笔没有过多的叠加和变化，简简单单的排列值得初学者学习和掌握（图4-7）。

L 学姐

——北京林业大学硕士研究生

  以文创快闪为主题的小面积商业空间设计，一层为展示、售卖功能，二层为休息区，功能布局合理。场景分析图与立面图没有区分开，且构造分析图不应该上色，保留原有的线稿并增加文字说明即可。效果图的处理较为理想，前景的留白和中景柱子留白很好地平衡了画面，使得主次分明，繁简得当。

G 学姐

——北京工业大学硕士研究生

CHAPTER 04
商业空间室内设计快题手绘范例及评析

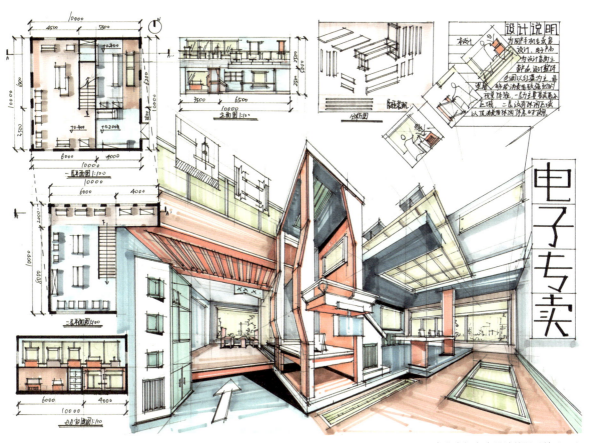

图 4-8 商业空间室内设计快题手绘（八）

该图为手机专卖店的快题设计，硕大的效果图占据了整张快题，好在效果图透视准确，细节到位，空间感强烈。但整张快题有种未完成的感觉，缺少重色的衬托（图 4-8）。

以电子产品为主题的商业空间快题设计，整体围绕电子产品的特点，以灰红、灰蓝为主基调，色彩明快。极具透视感的效果图很吸引眼球，强调结构的用笔和用色，使得空间结构鲜明，块面感强烈。整体缺乏重色铺垫和强调，略显轻飘。

S 学姐
— 清华大学美术学院硕士研究生

G 学姐
— 北京工业大学硕士研究生

商业空间室内设计快题手绘

新蕾艺术学院学员作品

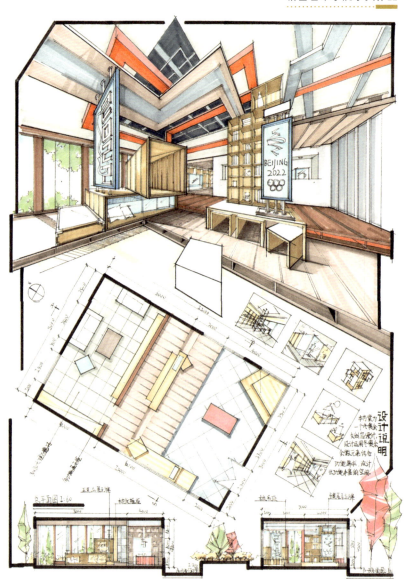

以冬奥会为主题的文创店设计，通过几条大的直线将快题版式分割，效果图的边缘与平面图巧妙结合，形式感较好，但同时旋转的平面图增加另制图的困难。另外，平面图的比例没有选好，表现得过大导致没有细节，且缺少光影和体积关系的塑造，成为整张快题的败笔（图4-9）。

S学姐
—清华大学美术学院硕士研究生

图4-9 商业空间室内设计快题手绘（九）

休闲交流空间室内设计快题手绘范例及评析

　　书吧、书店、书屋等阅读空间是各个院校考研快题手绘重点考查的空间类型,即使是科技便捷、信息发达的今天,我们拥有了更多的阅读方式,但传统书籍的阅读体验不可替代。当今的书店不仅以卖书为主要功能,更加注重空间与人的关系、环境氛围的营造以及文化的传播。书吧也由原有单一的功能转变为集阅读、文创商业、展示、茶饮、交流、活动等多功能于一身,以此满足不同使用者的需求,为大众阅读提供良好的公共空间。

休闲交流空间室内设计快题手绘

新蕾艺术学院学员作品

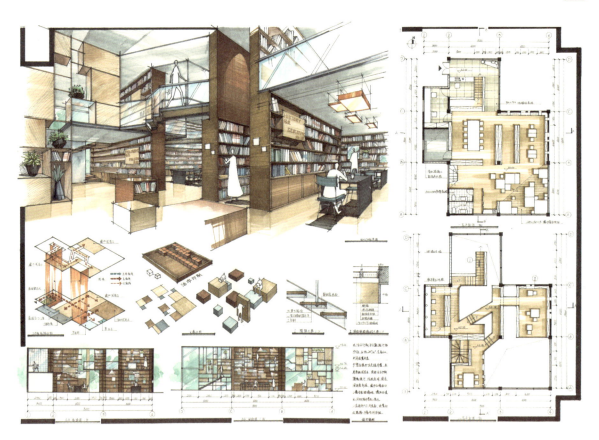

图 5-1 休闲交流空间室内设计快题手绘（一）

本套快题在设计层面上对二楼的过道空间进行了梳理，设计感十足，空间排布合理有序，尺度适宜，氛围感强。大范围的挑空处理让使用者在其中不感到压抑。整体设计语言和谐统一且自然。效果图左侧的装饰性墙面为画面提供调剂，效果拔群，在场景中放入人物形象，使得画面更加生动（图5-1）。

Y学长
——清华大学美术学院硕士研究生

方案的完整度很高，主次分明，对元素的组合运用非常合理，对空间的疏密关系把握得非常到位；从细节刻画可以看出作者的心思缜密，表现技法熟练。平面图可再加些冷色植被进行点缀。深棕色的木纹色略显"焦"，影响整体画面效果。平面图、剖面图以及节点大样图内容丰富、细节深入，很好地展示了设计方案的全部信息和内容，值得学习。

H学姐
——清华大学美术学院硕士研究生

CHAPTER 05
休闲交流空间室内设计快题手绘范例及评析

休闲交流空间室内设计快题手绘
新蕾艺术学院学员作品

图 5-2 休闲交流空间室内设计快题手绘（二）

本套快题手绘整体设色统一和谐、清新自然。大面积的效果图为方案提供极大张力，两点透视图为空间营造轻松氛围。后续提升过程中，可在阴影处添加重色，提升整体空间的明暗对比度。在制图层面上，制图严谨，文字标注详实，排版也随整体快题进行调整，可酌情对分析图进行形式上的优化（图5-2）。

S 学长
—— 清华大学美术学院博士研究生

效果图天花的体块艺术造型使得效果图张力十足，颜色搭配比较淡雅，空间分割准确，对比强烈。平面布局合理，设计巧妙，制图规范严谨，但手绘表现不足，平面图的体积感和光影感没有表现出来。空间动线流畅，立面细节丰富，室内与景观虚实得当，主次突出，值得借鉴。从快题的整体来看，缺少重色的点缀，整体灰了一度，对比度欠缺。

Y 学姐
—— 中央美术学院硕士研究生

CHAPTER 05
休闲交流空间室内设计快题手绘范例及评析

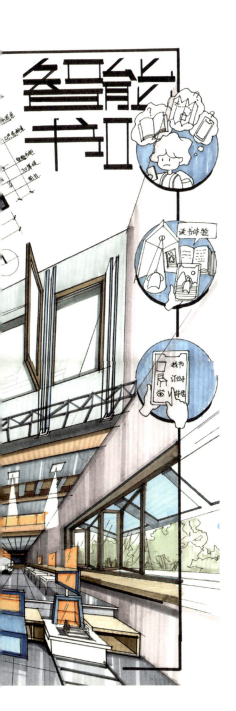

休闲交流空间室内设计快题手绘
新蕾艺术学院学员作品

  以"智能"为特点的书吧快题设计，整体设色围绕着智能化、数字化的主题，以蓝色系为主色调，灰色系为辅色调，色彩欢快鲜明，给人以清爽之感，为整张快题增色不少。整张快题图量丰富，轴测图和大量的分析图使得快题可看性强，是一张较为优秀的快题手绘作品（图5-3）。

S 学姐

—— 清华大学美术学院硕士研究生

  智能书吧在原有书店的基础上增加智能化、数字化的体验，通过快题反映出来的设计的时代性和前瞻性是衡量设计能力的重要方面。娴熟的用笔用色同样表现出作者优秀的手绘表达能力。快题的完整性以及各类图纸的准确表达也展现出作者出色的快题能力。综合来看，这是一张十分优秀的高分快题设计作品。

Z 学姐

—— 清华大学美术学院硕士研究生

图 5-4 休闲交流空间室内设计快题手绘（四）

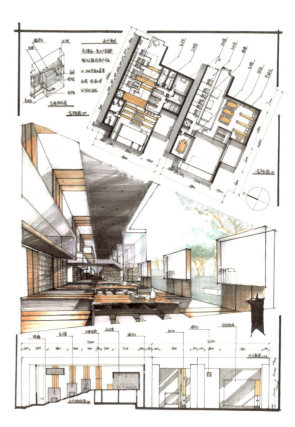

图 5-5 休闲交流空间室内设计快题手绘（五）

　　本套快题采用景窗边缘轮廓的构图方式，新颖独特，视觉冲击感十分强烈，需要注意的是效果图重色过多、画面层次不够清晰的问题，平面图的重色不够，与效果图不协调（图 5-4）。

　　该方案的排版新颖且和谐有序，平面图绘制得比较精致，空间布局划分合理，连续重复的线型结构增强了空间的延伸感，主次关系也表现得比较明确（图 5-5）。

K 学姐
——北京服装学院硕士研究生

S 学姐
——中央美术学院硕士研究生

休闲交流空间室内设计快题手绘

新蕾艺术学院学员作品

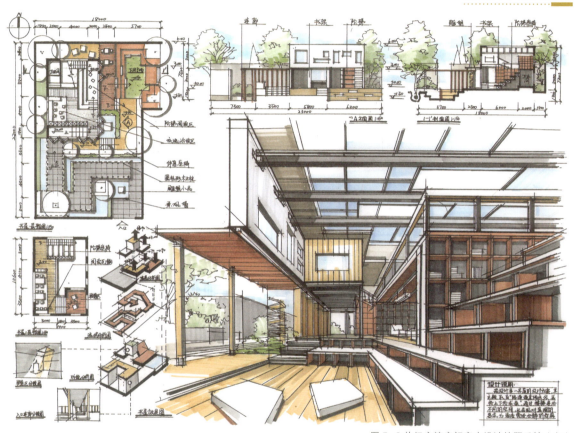

图 5-6 休闲交流空间室内设计快题手绘(六)

在效果图表达中,设计者充分利用空间的体块穿插关系进行设计,制造多种高差,使得空间层次丰富多样,空间结构本身即为表达细节。一点透视使得空间感非常强,整体设色和谐统一,木质材料的大量运用使得空间令人感到舒适放松。分析图图示简洁明了地表达设计过程,为说明方案服务(图5-6)。

快题设计方案作为一个整体,也有其主次之分。本套方案中效果图作为快题设计方案的主体,其鲜灰对比与明暗对比都处理得十分出众,与其他图示如平面图、立面图、剖面图、分析图的明暗对比关系也进行了区别,适当的留白为画面注入活力。细部构件的刻画与详尽的文字说明注释提升了画面整体的专业性。

S 学长
—— 清华大学美术学院博士研究生

H 学姐
—— 清华大学美术学院硕士研究生

休闲交流空间室内设计快题手绘

新蕾艺术学院学员作品

以"森林探险"为主题的书吧设计，新颖的版式设计和干净清爽的配色成为这张快题的亮点。整体以轴测图为画面的视觉中心，与平面图、分析图巧妙结合，背景的灰色块也很好地衬托了轴测图，主次分明（图5-7）。

H学姐
——清华大学美术学院硕士研究生

轴测图作为特殊的效果图，能够全面展示设计方案，对制图和手绘表达能力的要求也较高。这张快题中的轴测图十分抢眼，丰富的空间和结构关系让整张快题层次丰富。具有画面感的分析图很好地展示了空间设计的使用场景，为画面增色不少。

S学姐
——清华大学美术学院硕士研究生

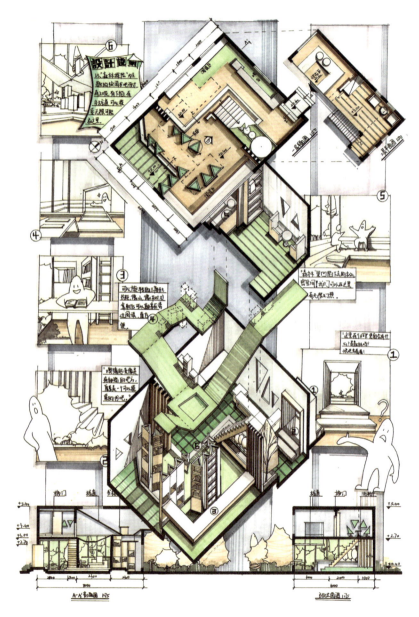

图5-7 休闲交流空间室内设计快题手绘（七）

办公空间室内设计快题手绘范例及评析

办公空间是展示企业实力与品牌形象的有效途径,包含会议、展示接待、独立休闲等功能。一个优质的办公空间在保障工作人员保持高效办公状态的同时,还有助于合作达成。动静结合、张弛有度的办公空间,能够兼顾协同工作的开展与深度工作的独立。联合办公空间是近几年发展起来的办公空间新模式,空间灵活、使用高效、互动氛围是未来办公空间的发展趋势,在设计上也有很多值得学习和借鉴之处。开放、高效、趣味、人性化的设计方案能够令人眼前一亮,是快题设计手绘表达的基础和前提。

CHAPTER 06

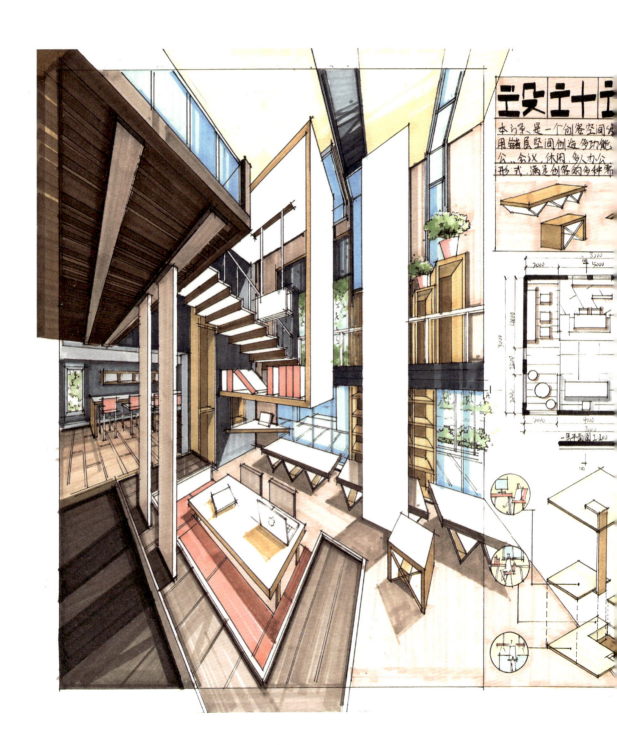

CHAPTER 06
办公空间室内设计快题手绘范例及评析

办公空间室内设计快题手绘
新蕾艺术学院学员作品

　　作为创客空间的快题设计，在小空间采用错层创造多功能的空间形式，集办公、会议、休闲、交流等功能于一体，布局合理，制图较为规范严谨。硕大的效果图十分抢眼，夸张的透视关系和清晰的空间结构成为快题中的亮点（图6-1）。

S 学姐
——清华大学美术学院硕士研究生

　　整张快题以效果图为主体，空间透视感极强，部分墙体、家具的留白处理使得画面灵动不死板，与周边的其他图相适应。简单的场景分析交代出办公空间的使用功能和使用场景，说明设计的用意。平面图及剖面图整体较为完整，但缺少重色和细节的交代，略显简单。

K 学姐
——清华大学美术学院硕士研究生

图 6-2 办公空间室内设计快题手绘（二）

办公空间室内设计快题手绘

新蕾艺术学院学员作品

以"交"为主题的办公空间的中庭设计，包含观赏、游走、交流、休息等功能，设计构思巧妙，结构合理，形式感强烈。效果图的空间层次分明，近实远虚处理到位，整张快题设计完整，表达充分，效果理想（图6-2）。

S 学姐
——清华大学美术学院硕士研究生

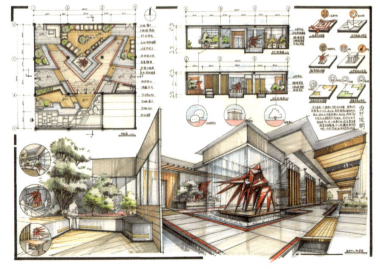

图 6-3 办公空间室内设计快题手绘（三）

本张快题中连贯场景的表达使得效果图张力十足，景观设计与室内设计相结合，笔触细腻，肌理尽现。雕塑色彩、造型十分夺人眼球。通过对场景内构筑物饱和度的控制明确主体，层次分明，空间深邃，结构刻画细腻，同时分析图图示可读性强，简洁明了。制图严谨，文字说明翔实（图6-3）。

L 学姐
——北京林业大学硕士研究生

CHAPTER 06
办公空间室内设计快题手绘范例及评析

办公空间室内设计快题手绘

新蕾艺术学院学员作品

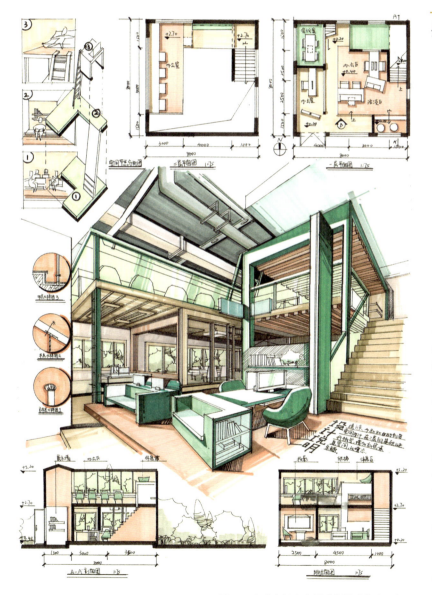

8m×8m的创客空间是快题设计中常见的考查类型，面积虽小，但同样应该具有相应的功能，考查设计师对小空间尺度的把握，以及精细化设计的内容。整张快题统一的配色使得画面完整性很高，使用低饱和度的互补色作为配色，统一之中有对比，颜色搭配较为大胆，令人眼前一亮。效果图透视、空间关系正确，但在效果图的用笔用色方面表现得较为死板，说明作者手绘功底较弱，建议加强徒手手绘的练习（图6-4）。

S 学姐
—— 清华大学美术学院硕士研究生

图6-4 办公空间室内设计快题手绘（四）

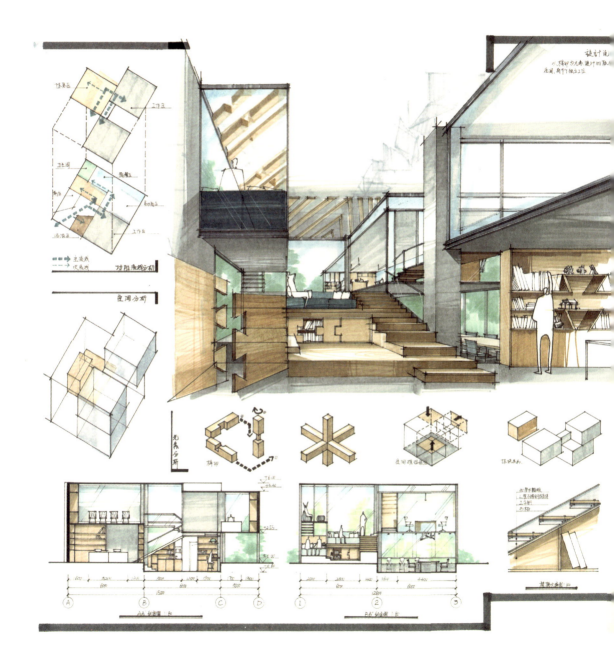

CHAPTER 06
办公空间室内设计快题手绘范例及评析

办公空间室内设计快题手绘

新蕾艺术学院学员作品

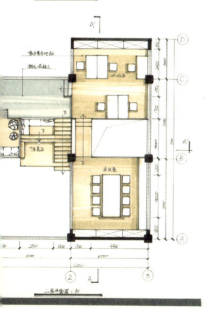

该方案排版整洁，主次分明。效果图选择的视角较好，空间层次多，视觉感受舒适。整体设计采用木质色调并引入自然光，考虑到空间的舒适性。颜色搭配简单又大气，将舒适的空间氛围营造得恰到好处。平面图，剖、立面图设计规范，制图标准严谨，是快题手绘制图基础的范例。两组分析图分析全面、表达到位，视觉效果强烈（图6-5）。

Y学长
— 清华大学美术学院硕士研究生

本套快题整体制图规范、详实，分析图清晰、简单、明了。对版式、边缘线等进行调整，置入人物，比例尺度较为合适，同时增强空间氛围感与场景感。生活气息浓郁。远处窗外景观没有做线稿处理，只是虚虚上色，与前景的室内空间形成有效的虚实对比，在进一步提升的时候，可以尝试丰富右边二层空间内的功能。

S学姐
— 清华大学美术学院硕士研究生

图6-5 办公空间室内设计快题手绘（五）

办公空间室内设计快题手绘

新蕾艺术学院学员作品

图 6-6 办公空间室内设计快题手绘（六）

本张快题设计采用夸张的透视和大胆的用色使得效果图新颖独特。但效果图空间、透视关系略显凌乱，主次没有区分好（图6-6）。

以效果图为快题手绘表现的主体是常见的方法，但同样也容易暴露问题，如透视不准确、空间关系混乱、主次不分等，这张快题设计效果图就暴露出上述问题，面面俱到，没有将空间感表达出来，平面图、剖面图与效果图的过渡衔接也不够。

S 学姐
——清华大学美术学院硕士研究生

S 学姐
——清华大学美术学院硕士研究生

艺术家/设计师工作室改造
室内设计快题手绘范例及评析

工作室是集办公与创作、展示与交流、活动与休息为一体的综合性空间，是艺术家、设计师等人群日常办公、工作、会客、交流的场所。

艺术家工作室、设计师工作室是室内设计快题手绘中常见的考试题目，贴近实际，体现艺术设计专业的特点。在满足工作室基本功能的前提下，具有艺术氛围和设计感的特色工作室能够在快题手绘中脱颖而出。

CHAPTER 07

艺术家/设计师工作室改造

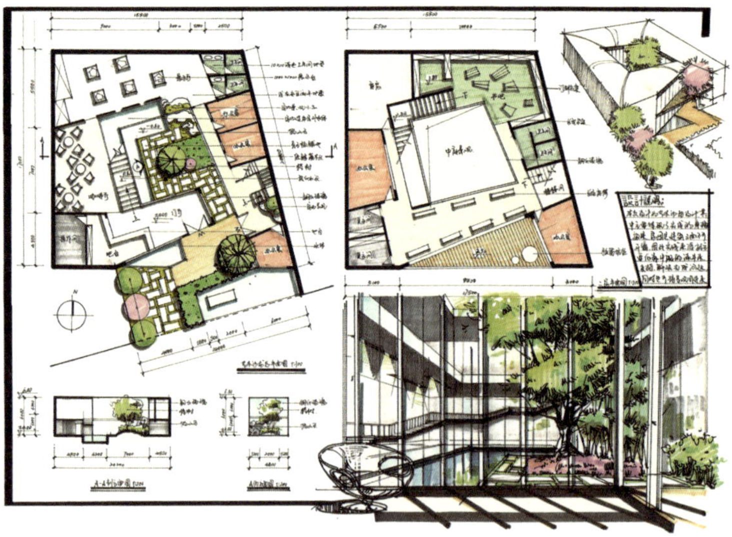

艺术家/设计师工作室改造室内设计快题手绘
新蕾艺术学院学员作品

本张快题效果图区分出三个层次,近景为前置的家具,中景为庭院景观,远景为建筑结构,效果图构思十分讨巧,大量留白与强烈的明暗变化使中景的景观部分突出,做到主次分明,鲜灰对比与明暗对比都十分精彩,配色也是和谐统一,富有生命力,在排版上可适当放大剖面图与立面图(图7-1)。

H 学姐
—— 清华大学美术学院硕士研究生

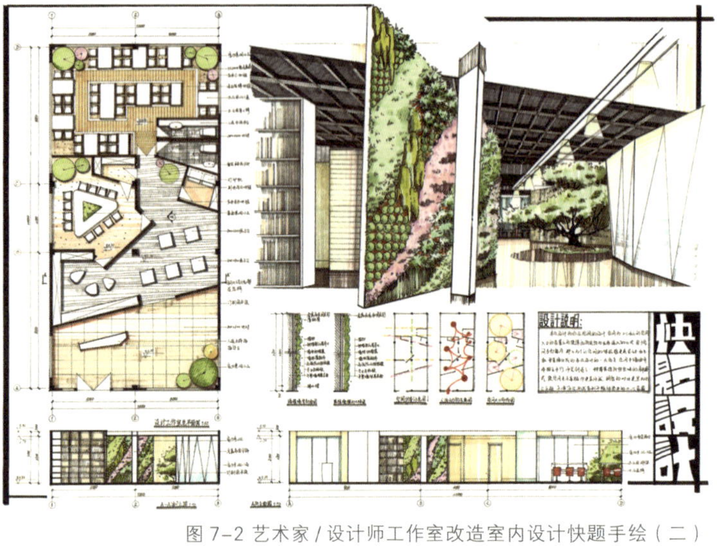

图 7-1 艺术家/设计师工作室改造室内设计快题手绘(一)

艺术家/设计师工作室改造室内设计快题手绘
新蕾艺术学院学员作品

本张快题是一套办公空间设计方案,效果图是办公空间的前台区域,以垂直绿化墙面为主体构筑物,与此同时,垂直绿化背景墙前巧妙设置柱网结构进行留白处理,张力十足。制图部分规范、严谨,善于使用制图工具,省时省力。分析图简洁、明了、清晰。效果图天花处理过于简单,缺少空间变化(图7-2)。

K 学姐
—— 北京服装学院硕士研究生

图 7-2 艺术家/设计师工作室改造室内设计快题手绘(二)

CHAPTER 07
艺术家/设计师工作室改造室内设计快题手绘范例及评析

艺术家/设计师工作室改造室内设计快题手绘
新蕾艺术学院学员作品

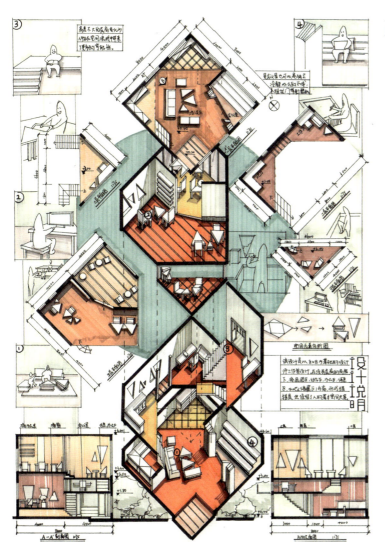

设计师工作室是最为常见的快题设计考察类型，尤其是小面积的空间，考察设计师对室内设计基础知识的掌握以及个人设计思想、风格的表现。这张以轴测图为主体的快题设计，各层的轴测图关系清晰、刻画细致到位，主次鲜明，巧妙大胆的配色、版式设计极具个人风格，必定会给评委留下很好的印象（图7-3）。

S学姐
—— 清华大学美术学院硕士研究生

图7-3 艺术家/设计师工作室改造室内设计快题手绘（三）

艺术家/设计师工作室改造室内设计快题手绘

新蕾艺术学院学员作品

图 7-4 艺术家/设计师工作室改造室内设计快题手绘(四)

  两点透视空间生活化气息浓重,活泼自然,所以设计者选用两点透视表达中庭空间。一点透视空间深邃、庄重,空间感强,设计者在设计室内空间的时候,结合素水泥的材质肌理、有秩序感的格栅等,营造了稳重大气的空间氛围。剖面、立面图中,注意到了光线对空间的影响。可适当添加分析图对设计思路进行说明(图7-4)。

H 学姐

—— 清华大学美术学院硕士研究生

  本套快题的排版与艺术字标题处理都十分新颖独特。与大部分考生选择以一张效果图为快题主体的版式不同,绘图者选择两张不同角度效果图并驾齐驱的方式,这可能会造成空间主次不清晰的情况,为了避免这一情况发生,绘图者用设色的方式进行重点区分,笔触老练自然。

S 学姐

—— 清华大学美术学院硕士研究生

艺术家/设计师工作室改造室内设计快题手绘
新蕾艺术学院学员作品

画面以独特的角度进行表现,视线穿过拱形结构,空间被划分为三部分,中间视野延伸至两侧,细节绘制丰富,整体空间有节奏感,但拱形中右两部分大小面积有些相似,可再调整角度,扩大中部视野(图7-5)。

S学姐
— 中央美术学院硕士研究生

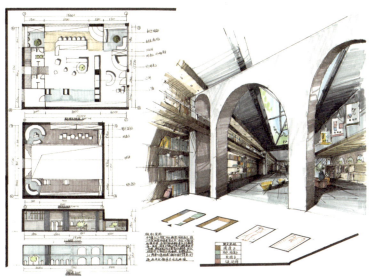

图 7-5 艺术家/设计师工作室改造室内设计快题手绘(五)

本套快题中需要注意的是灰色调与彩色调的叠加非常容易使画面变脏,如需叠加,尽量以同明度的色调相加,倾斜的空间也需注意对边角空间的利用问题。如需写标题可结合方案特色进行设计(图7-6)。

Z学姐
— 清华大学美术学院硕士研究生

图 7-6 艺术家/设计师工作室改造室内设计快题手绘(六)

艺术家 / 设计师工作室改造室内设计快题手绘

新蕾艺术学院学员作品

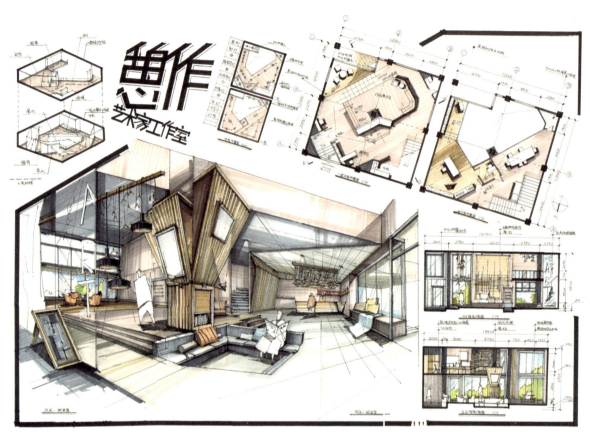

图 7-7 艺术家 / 设计师工作室改造室内设计快题手绘（七）

以憩为主题的艺术家工作室设计，整张快题采用斜线式的版式设计，视觉冲击感强烈，平面图、剖面图制图规范，信息传达准确，层次丰富。整张快题色调高级统一，略显对比不够，尤其是效果图的层次没有差距，略显不足（图 7-7）。

H 学姐
—— 清华大学美术学院硕士研究生

本张快题空间结构层次丰富，主体物十分鲜明夺目，实则是巧妙运用原有场地的柱网结构进行设计，体现出绘图者的巧思。整体设色和谐统一，视觉中心细节丰富，版式与整体相适应，字体也相得益彰。

D 学姐
—— 北京理工大学硕士研究生

CHAPTER 07
艺术家/设计师工作室改造室内设计快题手绘范例及评析

艺术家/设计师工作室改造室内设计快题手绘
新蕾艺术学院学员作品

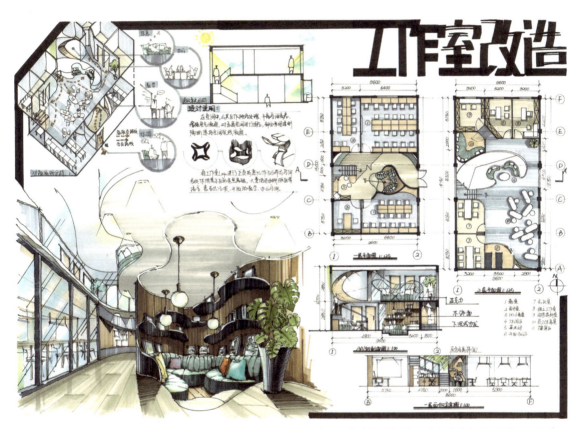

图 7-8 艺术家/设计师工作室改造室内设计快题手绘（八）

本套工作室改造设计方案的效果图采用大量曲线线型，需要注意曲线的透视形态的准确性。在制图层面可适当减少平面图、立面图、剖面图的设色，省时省力。提升其余部分分析图的精细程度，可以适当增加线稿，调整排版。轴测分析图适当增加留白，使其层次更加分明（图7-8）。

H学姐
——清华大学美术学院硕士研究生

曲线结构具有动态感，可以缓解办公空间中的严肃氛围。该方案在设计中运用了不少曲线结构，动静结合，增加了办公空间的舒适感。快题中以左上角轴测图为中心的分析图是整张快题设计亮点和加分点，分析逻辑清晰，内容全面，形式变化多样，为快题增色不少。

K学姐
——北京服装学院硕士研究生

艺术家／设计师工作室改造室内设计快题手绘

新蕾艺术学院学员作品

本套快题为设计工作室设计方案，可适当放大效果图，增强表现力。整体设色统一和谐。制图层面的文字注释提升了快题的严谨性、专业性（图7-9）。

Y学姐
——中央美术学院硕士研究生

图7-9 艺术家／设计师工作室改造室内设计快题手绘（九）

艺术家／设计师工作室改造室内设计快题手绘

新蕾艺术学院学员作品

该方案运用稳重的灰色系，用色准确、概括，笔触放松，将空间层次交代得明确、合理，细节刻画也比较饱满。主体物放置的石膏组合契合主题，留白处理与背景形成对比，突出细节，十分精致（图7-10）。

Y学长
——中央美术学院硕士研究生

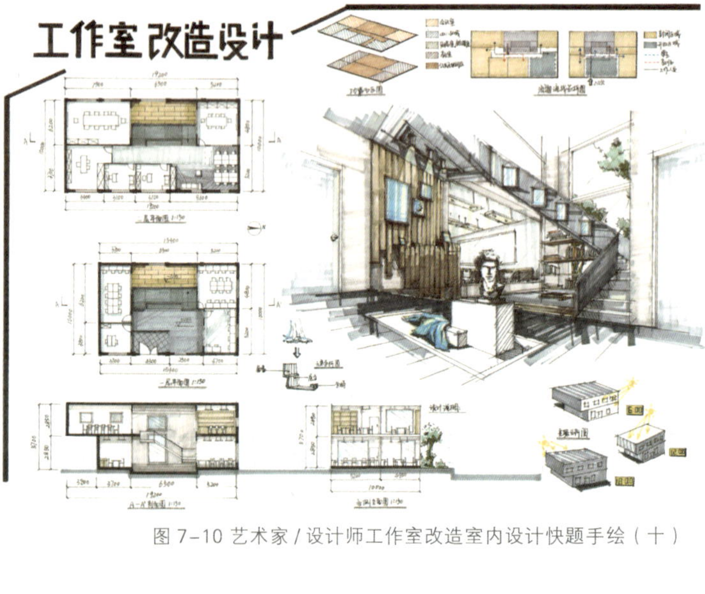

图7-10 艺术家／设计师工作室改造室内设计快题手绘（十）

CHAPTER 07
艺术家／设计师工作室改造室内设计快题手绘范例及评析

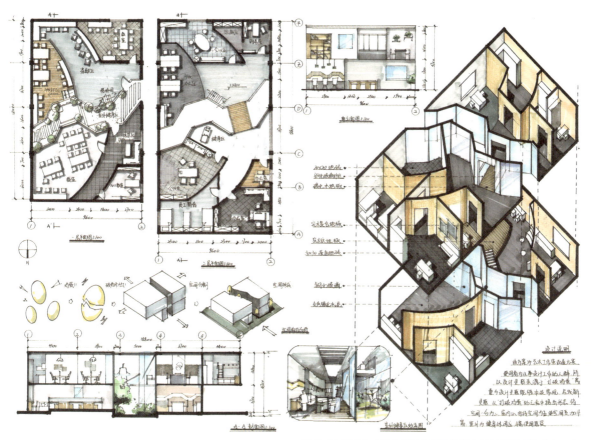

图 7-11 艺术家／设计师工作室改造室内设计快题手绘（十一）

这是一个很有设计理念的方案，将主题中的裂缝转化为建筑中的廊道，廊道中的植被转化为建筑中的灰空间，人在整个空间中有了被自然过渡的舒适感受；平面布局划分比较有趣，动线也流畅合理，是个不错的方案。在表达上，以轴测图为视觉中心，效果强烈，局部补充节点效果图，表现全面（图7-11）。

设计者在室内设计中巧妙地置入室外景观设计，新颖独特，生趣盎然，自然活泼。在快题中使用大量参考线、辅助项，使得制图效果严谨，专业性强。异形空间需要注意对边角空间的利用问题，尽量减少不可利用的死角与尖角，避免对空间的浪费，另外要考虑人体工程学的尺度问题。

Y 学姐
—— 清华大学美术学院硕士研究生

K 学姐
—— 北京服装学院硕士研究生

艺术家/设计师工作室改造室内设计快题手绘

新蕾艺术学院学员作品

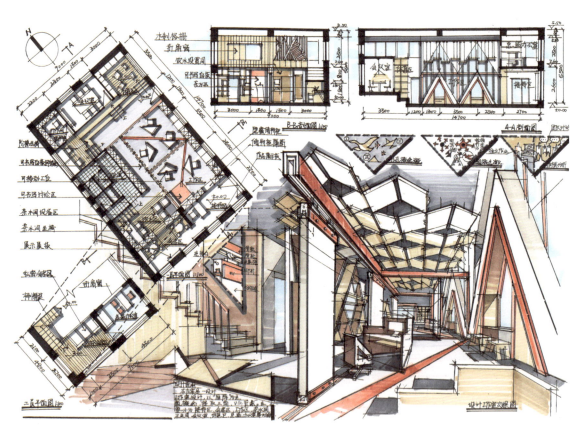

图7-12 艺术家/设计师工作室改造室内设计快题手绘（十二）

本套快题为一套以传统文化元素为设计灵感的办公空间设计方案。设计者对空间结构、材质、肌理、材料的交接线的理解都十分到位，笔法纯熟老练，制图严谨详实，分析图简洁易懂。唯一需要注意的是，当线稿层面的图过多时，需要通过减少次要部分的设色来调节主次关系（图7-12）。

L学姐
——北京林业大学硕士研究生

该空间围绕"雁阵"的概念主题进行设计，功能布局合理，动线流畅，以几何形体进行空间划分，重复的块面结构可以增加空间的纵深感。排版有些拥挤，效果图的块面感也有些零碎，可再适当留白，突出主要内容。平面图、剖面图制图规范严谨，标注清晰，色彩统一协调，恰到好处。

S学姐
——中央美术学院硕士研究生

艺术家/设计师工作室改造室内设计快题手绘

新蕾艺术学院学员作品

旋转楼梯在画面中的表现很有张力,透视合理,使画面富有动感,其细节的绘制也比较精细;平面图以物体留白的形式展示布局划分,方案排版通透、美观。平面图以一定的角度出现,给人以新奇之感,但给制图和手绘表达增加难度。两处立面图的设计手绘表达略显简单,过于局部,展示信息不够完整(图7-13)。

L 学姐
—— 北京林业大学硕士研究生

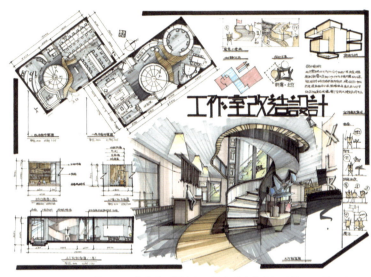

图 7-13 艺术家/设计师工作室改造室内设计快题手绘(十三)

整张快题设计合理、有一定的新意,表达完整、表现充分,总体来说是一张较好的快题设计手绘作品。人物高度分析和立体式的功能流线分析图是整个快题的亮点,分析全面、表现方式新颖,值得学习借鉴。整张快题下半部分较好,立面图和剖面图表现到位。上半部分略有不足,平面图颜色过多,掩盖了制图基础的展示,效果图整体应适当放大(图7-14)。

Y 学长
—— 中央美术学院硕士研究生

图 7-14 艺术家/设计师工作室改造室内设计快题手绘(十四)

艺术家/设计师工作室改造室内设计快题手绘

新蕾艺术学院学员作品

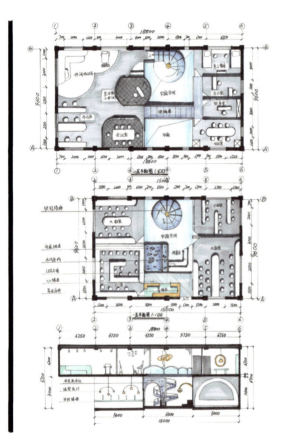
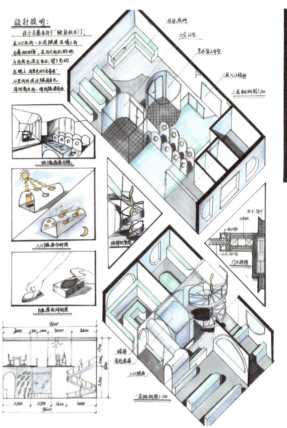

图 7-15 艺术家/设计师工作室改造室内设计快题手绘（十五）

在小空间设计中，需要注意尽量避免过多硬隔断的置入，尽量使用透明隔断与软隔断进行区域划分；并且在置入硬隔断的时候，不要分散，尽量集中处理，以获取更多的公共空间与开阔视野。本套快题中绘图者将家具体块理解得太过简单，缺乏细节，有"所看即所得"的嫌疑。在进一步深化过程中，可对需要着重表现的部分进行深度刻画（图7-15）。

H 学姐
——清华大学美术学院硕士研究生

效果图采用轴测图，空间结构表达清晰，立体感强，可直观地展示整体方案，但空间中的细节较少，功能体现不够明确，可增加信息展示、座椅等细节，增强效果图的表现力。整体画面以冷灰为主色调，色彩统一，但整体颜色没有拉开层次，地面、墙面、家具的颜色过于接近，对比度不够。在灰色调的基础上，添加蓝色、橙色作为互补色，效果不明显。

Y 学姐
——中央美术学院硕士研究生

茶吧/水吧/咖啡吧室内设计快题手绘范例及评析

　　茶吧、水吧、咖啡吧等饮品简餐空间是集茶饮、交流、展示、文化活动于一体的多功能空间,空间灵活、主题鲜明。具有特色的饮品简餐空间设计主题突出、风格明显,具有极高的识别度,这类空间往往在工业遗址等旧建筑的基础上进行改造设计,在保留原有建筑风貌的同时增添了时尚的设计语言。具有文艺气息、时尚感、设计感,特色鲜明的茶吧、水吧、咖啡吧能够成为打卡景点。这些饮品简餐空间的设计是快题考试常见的类型,更是手绘抄绘练习的对象。优秀的设计方案是快题设计学习借鉴的范例。

CHAPTER 08

茶吧 / 水吧 / 咖啡吧室内设计快题手绘

新蕾艺术学院学员作品

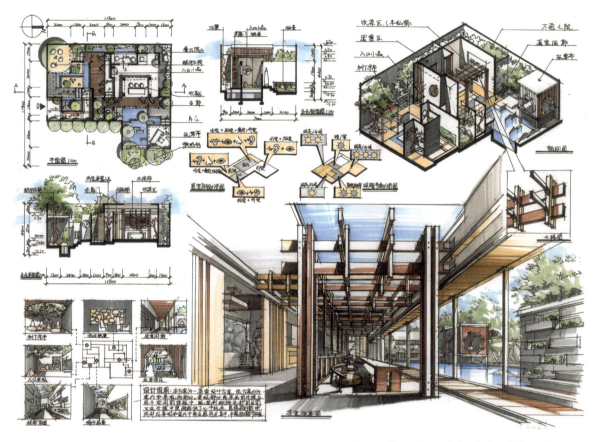

图 8-1 茶吧 / 水吧 / 咖啡吧室内设计快题手绘（一）

从效果图可以看出设计者对钢架结构的了解比较充分，钢结构的搭接给人一种非常稳定的感觉，同时又增加了设计的现代感。整个方案设计非常完整、丰富，细节交代都非常具体，是比较成功的作品。不仅对室内部分进行细致刻画，而且兼顾室外景观环境，使得室内外相互联系，空间通透，视觉效果理想（图 8-1）。

丫学长

——清华大学美术学院硕士研究生

该方案的风格是新中式与工业风的结合，空间结构丰富，布局合理，方案的绘制非常细致，完整度极高。效果图的绘制整齐、写实，整体需要长时间的练习才能在规定时间内达到这样的完整度。多种风格结合的构思值得学习和借鉴。分析图的分析角度新颖，形式独特，为快题设计增色不少。小的轴测图表达到位，效果强烈，是整张快题的亮点。

丫学姐

——中央美术学院硕士研究生

CHAPTER 08
茶吧 / 水吧 / 咖啡吧室内设计快题手绘范例及评析

茶吧 / 水吧 / 咖啡吧室内设计快题手绘
新蕾艺术学院学员作品

以"城市之窗"为主题的快题设计，整体配色简洁而不简单，同色系中寻找微妙的变化，鲜灰对比运用得恰到好处，强烈的透视关系和强调空间结构的黑色用笔，表现出设计者极强的手绘表达能力，是一张很好的快题手绘作品（图8-2）。

S 学姐
—— 清华大学美术学院硕士研究生

这是一张很出彩的高分快题设计，原因在于以下几个方面：紧扣简餐空间设计的主题；新颖的版式设计及大胆的色彩搭配设计；空间、结构感强烈的效果图以及相对严谨和规范的制图基础；娴熟的马克笔用笔用色技巧展现出作者深厚的功底。

S 学姐
—— 清华大学美术学院硕士研究生

图 8-2 茶吧 / 水吧 / 咖啡吧室内设计快题手绘（二）

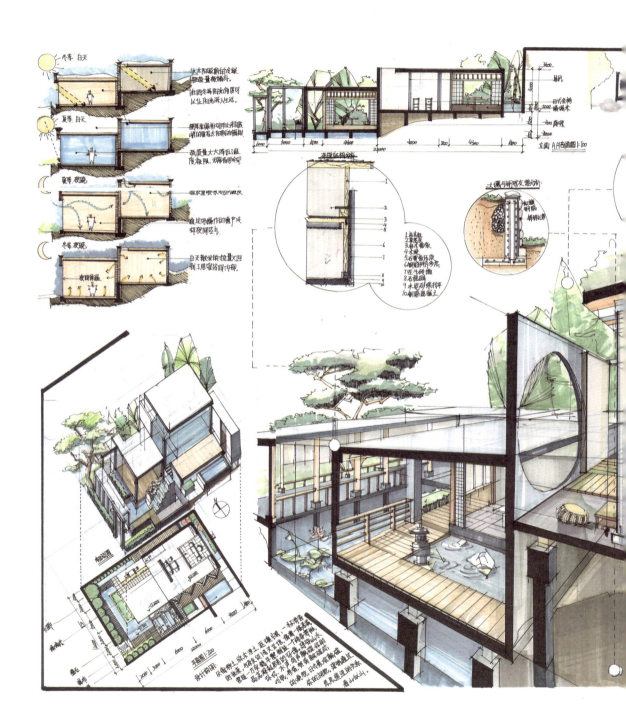

CHAPTER 08
茶吧 / 水吧 / 咖啡吧室内设计快题手绘范例及评析

茶吧 / 水吧 / 咖啡吧室内设计快题手绘
新蕾艺术学院学员作品

整张快题内容丰富，图量很大，乍看之下剖透视的空间表现力极强，冲击力也很大，但是仔细观察研究方案则会发现在空间布局中，存在不甚合理的处理，需要设计者在后期进行调整。局部节点大样图丰富了分析图种类，也增强了快题的专业性。对光照、雨水、风向的分析形成矩阵，体现专业素养。制图也十分工整、规范（图8-3）。

H 学姐

——清华大学美术学院硕士研究生

本套快题中绘图者大胆采用剖透视的方法展现效果图，新颖出众，张力十足，将室内设计与室外景观设计进行有机结合。在距离观看者较近的位置也设置颇多细节，分析图形式新颖别致，也更为系统化、群组化，制图层面运用大量的参考线、辅助线，提升快题整体的专业性。版式自然活泼，引人注目。

S 学长

——清华大学美术学院博士研究生

图 8-3 茶吧 / 水吧 / 咖啡吧室内设计快题手绘（三）

茶吧/水吧/咖啡吧室内设计快题手绘

新蕾艺术学院学员作品

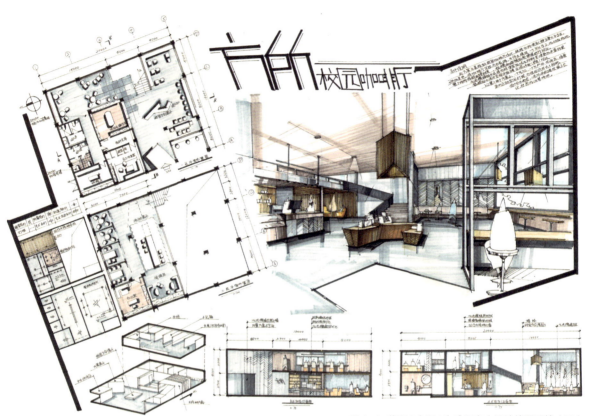

图 8-4 茶吧/水吧/咖啡吧室内设计快题手绘（四）

作为校园的咖啡厅设计，满足学生、老师日常的交流、简餐、休息等实用需求，设计合理。整张快题版式设计活泼，充满动感，整体设色统一协调，黑白灰对比略显不足（图 8-4）。

K 学姐
——北京服装学院硕士研究生

整张快题以效果图为主体，空间错落有致，功能布局合理，形式感极强，平面图、剖面图制图较为规范严谨，整体画面色彩统一，重色使用不足，导致画面的素面关系弱，视觉冲击力不够，影响整张快题的最终效果。

S 学姐
——清华大学美术学院硕士研究生

CHAPTER 08
茶吧 / 水吧 / 咖啡吧室内设计快题手绘范例及评析

茶吧 / 水吧 / 咖啡吧室内设计快题手绘
新蕾艺术学院学员作品

以冬奥会为主题的餐厅空间设计，滑雪板、运动服等运动元素点明主题，浓重的色彩使得画面对比强烈，十分吸睛。具有故事感的场景分析图很好地补充了设计的意图，也是快题中的点睛之笔，为整张快题增色不少（图8-5）。

S学姐
——清华大学美术学院硕士研究生

整张快题画面完整，重色很好地压住快题，不显得轻飘，使得画面对比明显，视觉冲击力强。效果图的透视关系、空间关系基本正确，但马克笔上色的用笔略显简单，缺少变化和叠加，表现出设计者对马克笔的用笔技巧掌握得不够熟练。

H学姐
——清华大学美术学院硕士研究生

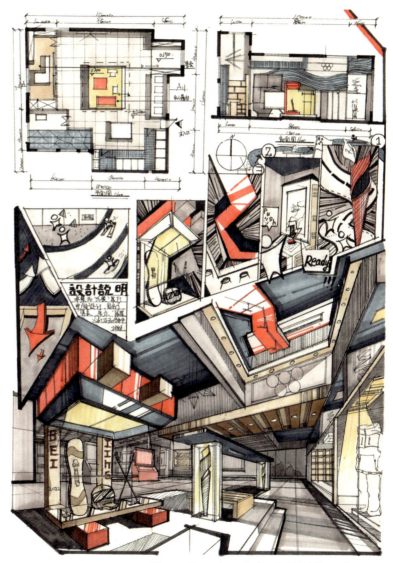

图8-5 茶吧 / 水吧 / 咖啡吧室内设计快题手绘（五）

茶吧/水吧/咖啡吧室内设计快题手绘

新蕾艺术学院学员作品

图 8-6 茶吧/水吧/咖啡吧室内设计快题手绘（六）

整张快题以绿色可持续为设计理念，将大量的绿植、自然采光引入空间，打造舒适宜人的饮品空间，整体色彩清淡高雅，重色略显不足（图 8-6）。

整张快题版式设计略显呆板，平面图、立面图以及效果图相互之间缺少联系，分割较为机械。整体色彩较为统一，但对比度、饱和度不够，略显平淡，应加强重色的铺衬和体积感、光影效果的表达。

Z 学姐
——清华大学美术学院硕士研究生

W 学姐
——清华大学美术学院硕士研究生

CHAPTER 08
茶吧 / 水吧 / 咖啡吧室内设计快题手绘范例及评析

茶吧 / 水吧 / 咖啡吧室内设计快题手绘
新蕾艺术学院学员作品

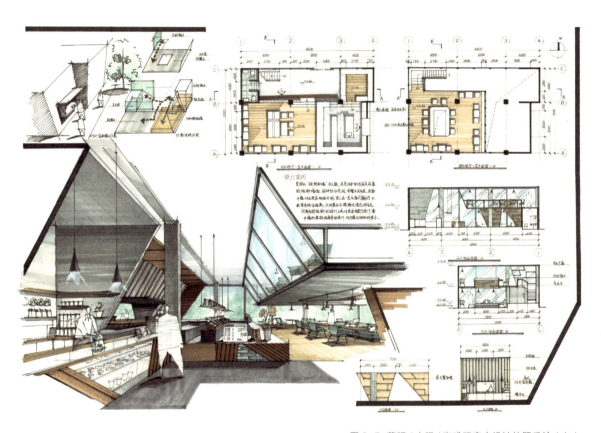

图 8-7 茶吧 / 水吧 / 咖啡吧室内设计快题手绘（七）

整体方案比较完整，空间通透明亮，适量留白增强了画面对比度，将空间层次展现出来，纵横的线型装饰有分割空间的作用，同时与空间中的倾斜立面产生呼应，风格统一。台面的细节信息也非常丰富，以留白的形式与墙面产生对比。效果图的上色手法值得学习。冷灰 + 木色的搭配协调统一又不失对比，是很好的快题作品（图 8-7）。

Y 学长
— 清华大学美术学院硕士研究生

可以看出，绘图者通过笔触对空间的材质肌理进行描绘，巧妙地结合了素水泥材质的简单利落、玻璃材质的通透清爽、木质结构的朴实自然。人物的置入增强了空间的场景感。快题整体以效果图为主体，其他图示作为辅助说明，主次关系通过明暗对比进行巧妙处理，层次分明。分析图有待加强。

H 学姐
— 清华大学美术学院硕士研究生

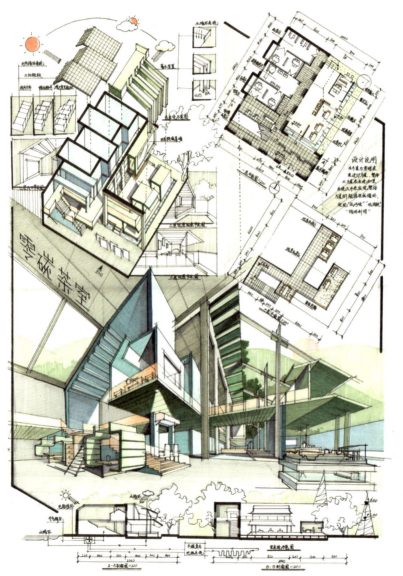

图 8-8 茶吧 / 水吧 / 咖啡吧室内设计快题手绘（八）

"零碳茶室"的快题设计，整体设色围绕着主题，以灰绿色为基调，不同饱和度、明度的灰色和绿色系使得画面统一之中有层次变化，细节丰富。整张快题制图严谨，手绘表达得十分充分，是一张难得的快题手绘作品（图8-8）。

Z 学姐
—— 清华大学美术学院硕士研究生

在严谨标准的制图和流畅的线条基础上，恰到好处的用笔和用色使得这张快题必将是一幅高分的快题手绘作品。虽着色不多，但每笔都画在关键点和结构上，很好地表现出空间关系和透视关系，通过颜色和饱和度也很好地区分了画面的主次关系。

H 学姐
—— 清华大学美术学院硕士研究生

CHAPTER 08
茶吧／水吧／咖啡吧室内设计快题手绘范例及评析

茶吧／水吧／咖啡吧室内设计快题手绘
新蕾艺术学院学员作品

夸张的透视和极强的空间结构关系，使得效果图视觉效果突出，很醒目，能够在众多快题中脱颖而出。整个快题的配色也十分大胆和巧妙，使用低饱和度的互补色作为快题的色彩，风格独特，使人过目不忘。整体来说，分析图的表达不够充分，略显简单，与整张快题不够协调（图8-9）。

W 学姐
——清华大学美术学院硕士研究生

作为一张茶室的快题设计，灰绿色作为主基调很适合，少量的偏红木纹色很好地与主色调形成互补关系，色彩层次丰富。几处黑色的用笔很好地强调了空间结构关系，同时也平衡了画面，几处留白处理也显得十分巧妙，使得效果图体积感、光感十足。

Z 学姐
——清华大学美术学院硕士研究生

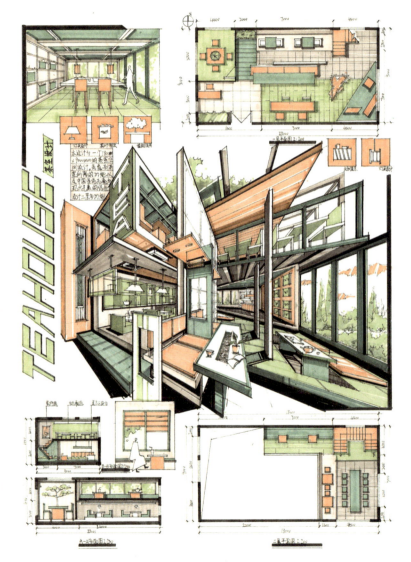

图 8-9 茶吧／水吧／咖啡吧室内设计快题手绘（九）

CHAPTER 08
茶吧/水吧/咖啡吧室内设计快题手绘范例及评析

茶吧/水吧/咖啡吧室内设计快题手绘
新蕾艺术学院学员作品

整体为中式风格的景观空间，将长廊、茶室、庭院引入中式景观的造景手法，使得空间既有私密性又有观赏性，反映了设计者具有较好的设计能力和手绘表达能力。整张快题以效果图组织构图和画面，与分析图、平面图、轴测图形成一个整体，极具张力和视觉冲击力（图8-10）。

H学姐
——清华大学美术学院硕士研究生

这是一张具有张力和表现力的快题设计，良好的设计方案、娴熟的用笔用色以及规范的快题制图很好地表现出作者的设计基础、手绘基础和快题基础能力。另外没有像大多数快题一样，模板化严重，相反具有很高的识别度和鲜明的个人风格特点，是一张很优秀的快题手绘作品。

S学姐
——清华大学美术学院硕士研究生

图8-10 茶吧/水吧/咖啡吧室内设计快题手绘（十）

图 8-11 茶吧/水吧/咖啡吧室内设计快题手绘（十一）

茶吧/水吧/咖啡吧室内设计快题手绘

新蕾艺术学院学员作品

该方案的空间感丰富，技巧熟练，平面布局合理，但上色有些死板，材质表现不够准确，还需多加练习。效果图的视平线过高，视距拉得过远，导致效果图主体不够突出，视觉冲击力不足（图8-11）。

Y 学长
—— 清华大学美术学院硕士研究生

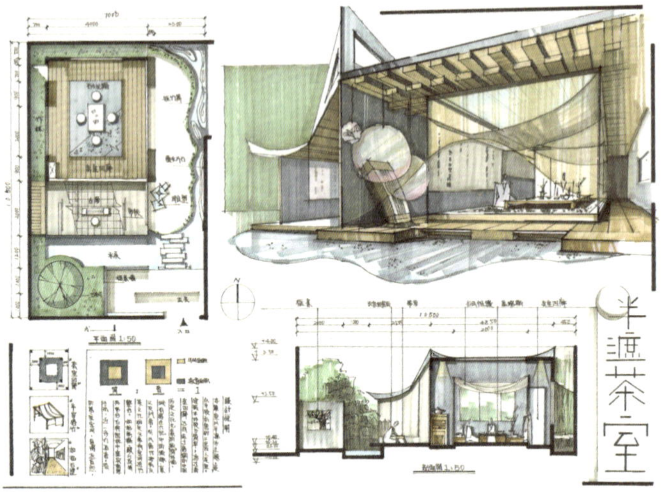

图 8-12 茶吧/水吧/咖啡吧室内设计快题手绘（十二）

茶吧/水吧/咖啡吧室内设计快题手绘

新蕾艺术学院学员作品

以"半遮"为主题的茶室快题设计，整张快题色调统一协调，富有古朴的意蕴，纱幔、条幅等元素使得茶道的主题跃然纸上，主题突出鲜明。整体画面深入细节不够，缺少变化的层次，视觉效果不够强烈（图8-12）。

Z 学姐
—— 清华大学美术学院硕士研究生

茶吧 / 水吧 / 咖啡吧室内设计快题手绘

新蕾艺术学院学员作品

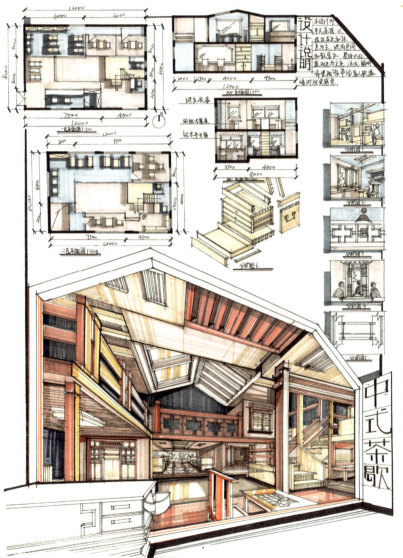

图 8-13 茶吧 / 水吧 / 咖啡吧室内设计快题手绘（十三）

中式茶馆的快题设计，以提供茶饮和休息为主，功能和流线布局合理，但除效果图外的图纸表现过于简单，尤其是平面图的处理，不够规范和标准，缺少必要的文字说明和标注。两组分析图较为出彩，很好地起到了补充说明的作用。效果图的处理有点面面俱到，没有很好地将主次关系区分，同时也未能表现出较好的空间关系，且与其他图纸衔接不够，有点脱节，不像同一张快题的图（图8-13）。

W 学姐
—— 清华大学美术学院硕士研究生

茶吧/水吧/咖啡吧室内设计快题手绘

新蕾艺术学院学员作品

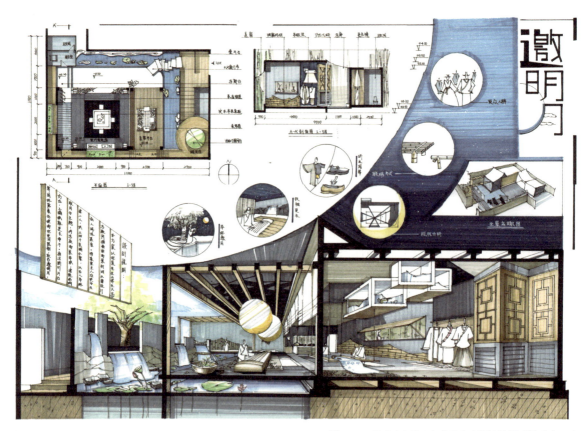

图 8-14 茶吧/水吧/咖啡吧室内设计快题手绘（十四）

设计者通过排版巧妙地将效果图与分析图进行结合，新颖独特，张力十足。效果表现采用剖透视的方式进行表达，需要注意的是，虽然效果图中进行了多处场景塑造，但每一处都没有进行深入刻画，使得空间在仔细研究下略显空洞，可以专注于某一处细节重点刻画，这样可以将主次进行区分（图8-14）。

W学长
——清华大学美术学院博士研究生

快题整体设色和谐统一，有戏剧感。设计的永恒内核还是功能的划分。优秀的版式设计能够在最开始吸引观看者的视线。但在其后还是需要有设计内容的内核和对方案细节的表达。这两方面可成为方案提升的方向。另外，可对除空间情景外的内容进行分析，如材质、结构、功能、动线等。

H学姐
——清华大学美术学院硕士研究生

休闲空间室内设计快题手绘范例及评析

休闲空间是以休闲功能为主,兼具交流、讨论、洽谈等功能,空间组织灵活,功能完备,可根据实际需求进行自由组合、随意切换的公共空间,因此在设计过程中要考虑空间的多样性、灵活性,以满足不同的使用需求。

常见的休闲空间有艺术沙龙空间、品牌活动空间、人物访谈空间、课程讲座空间、小型聚会空间、公共空间休闲中庭、校园休闲空间等。

CHAPTER 09

休闲空间室内设计快题手绘

新蕾艺术学院学员作品

图 9-1 休闲空间室内设计快题手绘（一）

小面积的休闲空间设计，采用错层增加空间的丰富性和体验感，使得小空间能够满足更多的功能和使用需求。效果图虽上色不多，也没有精细的刻画，但很好地表现出空间感（图9-1）。

整张快题构图讲究、版式设计十分用心，以效果图为中心，将其他图纸与效果图巧妙结合，融为一体，构成整体感很强的画面。整体用色不多，但通过不同的明度和饱和度变化出很丰富的层次，且很好地表现出光影感和体积感，是一张十分优秀的快题手绘作品。

Z 学姐
—— 清华大学美术学院硕士研究生

H 学姐
—— 清华大学美术学院硕士研究生

CHAPTER 09
休闲空间室内设计快题手绘范例及评析

休闲空间室内设计快题手绘
新蕾艺术学院学员作品

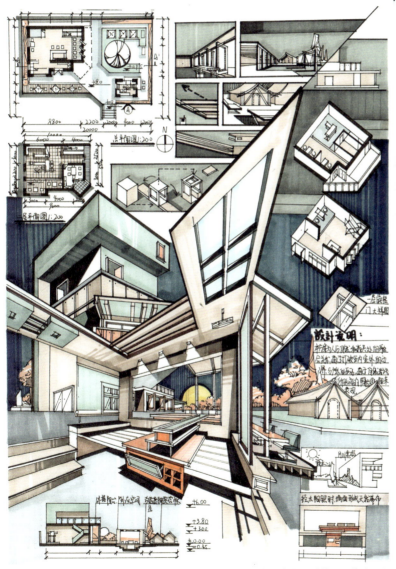

将人与自然和谐共处作为设计理念，通过打破室外与室外的边界，充分考虑自然光、绿植、灰空间，与室外积极互动。整张快题大广角的透视将效果图视觉感拉满，重色系的背景很好地衬托出建筑和室内空间，前景的黑色用笔强调结构关系和前景的物体，主次分明。大面积的灰色块将各类图纸联系起来，并且起到衬托图纸的作用（图9-2）。

H学姐
— 清华大学美术学院硕士研究生

图 9-2 休闲空间室内设计快题手绘（二）

休闲空间室内设计快题手绘

新蕾艺术学院学员作品

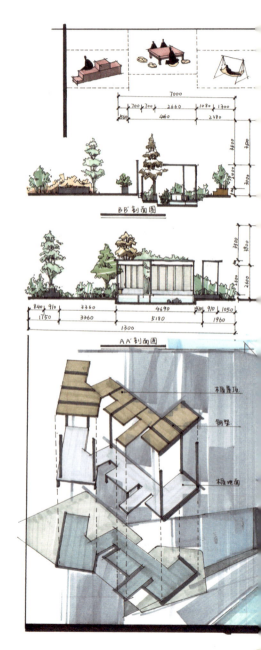

根据设计要求,在场地中央设置了连廊与东西两侧的亭廊隔水相望,营造出舒适的休闲空间。设计合理且富有新意,很好地展现出设计者的设计能力。效果图表达得十分到位和突出,但平面图、立面图表现得不够充分,没有很好地与效果图呼应(图9-3)。

Z学姐
——清华大学美术学院硕士研究生

大场景的效果图很好地表现出室内外环境的关系和设计想法,宽头的灰色系马克笔很好地表现出地面和墙面空间,同时也衬托出中景的水体,一粗一细,一灰一彩,空间感拉得很到位,很好地表达出画面营造的氛围和意境。

W学姐
——清华大学美术学院硕士研究生

CHAPTER 09
休闲空间室内设计快题手绘范例及评析

图 9-3 休闲空间室内设计快题手绘（三）

休闲空间室内设计快题手绘

新蕾艺术学院学员作品

图 9-4 休闲空间室内设计快题手绘（四）

整张快题色调统一，大面积的木色使得空间具有温馨舒适之感，但缺少色彩上的对比。快题中的场景分析和交互分析是亮点，值得参考学习（图 9-4）。

整张快题设计以效果图为视觉中心，空间关系没有处理好，表现得面面俱到，且空间的近实远虚关系没有处理好。画面的整体性较好，但对比度不够，缺少大面积的重色和亮色，使得画面平淡，缺乏视觉冲击力。

W 学姐
—— 清华大学美术学院硕士研究生

H 学姐
—— 清华大学美术学院硕士研究生

博物馆展示 / 科普展示空间
室内设计快题手绘范例及评析

展示空间的内涵丰富、范围广泛，形式多样，优秀的展示空间设计能够营造良好的展示、商业氛围，提升产品的附加值、品牌形象和品质。展示空间设计要注重实用性（功能性）、艺术性、科学性以及时代性特征。除满足基本功能需求、环境氛围外，还要注重展示道具、照明设计、材料设计、色彩设计以及橱窗设计。博物馆展示空间、科普展示空间等都是室内设计快题手绘中常见的展示空间类型。

CHAPTER 10

博物馆展示 / 科普展示空间

博物馆展示/科普展示空间室内设计快题手绘

新蕾艺术学院学员作品

在应试的快题设计中，方案设计往往通过全面的图纸绘制及少量的文字说明进行展示，直观的图纸比文字更快地让阅卷者了解设计思路，节省评阅时间。该方案的文字说明冗长，方案的展示缺少规范的平面图说明，是比较严重的问题；同时在构图上，画面零碎，效果图面积小，排版布局还需精心考虑（图10-1）。

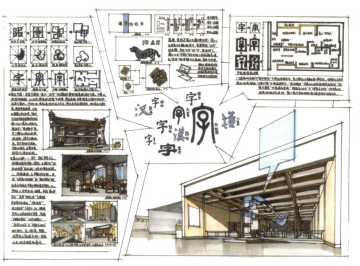

图10-1 博物馆展示/科普展示空间室内设计快题手绘（一）

K学姐
——北京服装学院硕士研究生

博物馆展示/科普展示空间室内设计快题手绘

新蕾艺术学院学员作品

这是一个完整的方案设计，视觉效果强烈，表现力强。空间布局划分清晰，层次错落丰富，空间主题表达得直观明确。整体构图在规矩中有所创新，但需要注意的是，效果图的面积略小，空间的延伸性弱，没有充分展现空间优势，构图需再调整。在剖面制图上，方案表达清晰，但色有些平淡，可以使色块对比更加强烈（图10-2）。

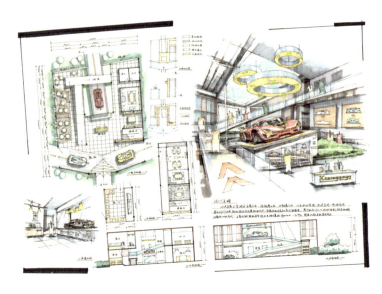

图10-2 博物馆展示/科普展示空间室内设计快题手绘（二）

L学长
——清华大学美术学院硕士研究生

CHAPTER 10
博物馆展示 / 科普展示空间室内设计快题手绘范例及评析

博物馆展示 / 科普展示空间室内设计快题手绘
新蕾艺术学院学员作品

本快题是画廊的展示空间设计，快题版式设计富有创意，图量很大，通过几条大的线条和色块将各种图纸结合在一起。平面图及轴测图表现得十分到位，规范的制图和严谨的手绘为快题打下很好的基础。整体配色以灰色系为主，和谐统一，但略显单调，在考试中会没有优势，适当的纯色和对比色可能会活跃画面，使快题脱颖而出（图10-3）。

S 学姐
—— 清华大学美术学院硕士研究生

图 10-3 博物馆展示 / 科普展示空间室内设计快题手绘（三）

博物馆展示/科普展示空间室内设计快题手绘

新蕾艺术学院学员作品

图 10-4 博物馆展示/科普展示空间室内设计快题手绘（四）

该方案的设计灵感来自蜂巢，通过对蜂巢六边形元素的提取、演变，设计出独特的空间结构；整个方案细节丰富，大量运用钢架结构，钢架的搭接不仅具有稳定性，还带有现代设计感，对钢架节点也做了细致分析。分析图分析全面，效果直观，蜂巢的元素应用广泛，统一了整体画面。平面图的室内与室外部分没有区分开，影响整体效果（图10-4）。

Y 学长
——清华大学美术学院硕士研究生

在本套方案中十分值得注意的是：设计者在设计空间的过程中，不只对空间中的隔断、家具进行设计，也对地面铺装进行了规划，设计出了具有指示意味的地面铺装。这种导视系统在实际方案应用中尤为重要，也体现出设计者对于设计细节的把控。同时在效果图中我们也可以看到，设计者对窗外远处景物进行模糊化处理，与室内设计形成了虚实对比。

H 学姐
——清华大学美术学院硕士研究生

CHAPTER 10
博物馆展示 / 科普展示空间室内设计快题手绘范例及评析

博物馆展示 / 科普展示空间室内设计快题手绘
新蕾艺术学院学员作品

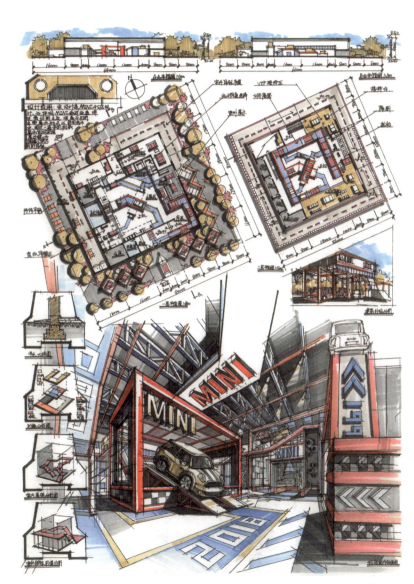

本套快题设计方案为汽车销售展厅设计，作者将其细化为 MINI COOPER 这种特定车型的展销大厅。以其发展历史为设计的灵感与设计思路，新颖独特，效果图空间感强，细节丰富。可适当做减法（图10-5）。

Z 学姐
— 清华大学美术学院硕士研究生

方案为工业风，机械感强烈，设计者对机械结构的掌握比较透彻，画面冲击力强。设计者对于细节的绘制比较充分，可见其手绘功底较强，逻辑思维清晰。

Y 学长
— 清华大学美术学院硕士研究生

图 10-5 博物馆展示 / 科普展示空间室内设计快题手绘（五）

图 10-6 博物馆展示／科普展示空间室内设计快题手绘（六）

CHAPTER 10
博物馆展示 / 科普展示空间室内设计快题手绘范例及评析

展示 / 科普展示空间室内设计快题手绘

新蕾艺术学院学员作品

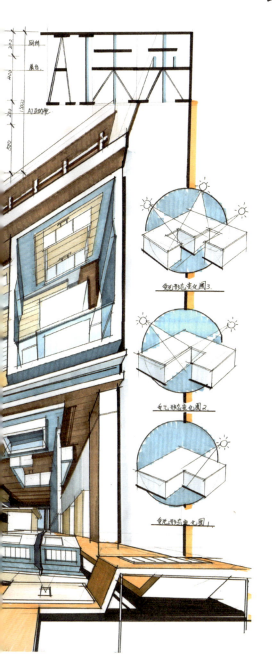

本快题是 AI 交互智能的展厅设计，为展示 AI 智能性和先进性，丰富的画面和统一的色彩关系使得快题识别度极高，准确的透视和空间关系使得画面视觉效果十分强烈。整体来说，这是一张十分优秀的快题作品，值得临摹学习（图 10-6）。

H 学姐
— 清华大学美术学院硕士研究生

以 AI 交互智能为主题的展示空间设计，整张快题干净利索，没有多余的表现，制图标准严谨，手绘线条流畅，用笔用色娴熟，表现出设计者很好的能力和功底，很多细节处理十分巧妙，这必定是一张高分快题作品。

S 学姐
— 清华大学美术学院硕士研究生

本快题为科技体验展览空间设计，空间中做了抬升、下沉的处理，使得空间具有丰富的体验感，表现出很好的设计能力。平面图、剖面图等制图不够严谨和规范，缺少必要的文字说明和尺寸标注，整体配色较为平淡，缺少重色沉淀和亮色活跃，使得整个快题不够鲜明，在配色环节上建议加强练习（图10-7）。

H学姐
——清华大学美术学院硕士研究生

图10-7 博物馆展示/科普展示空间室内设计快题手绘（七）

CHAPTER 10
博物馆展示／科普展示空间室内设计快题手绘范例及评析

博物馆展示／科普展示空间室内设计快题手绘
新蕾艺术学院学员作品

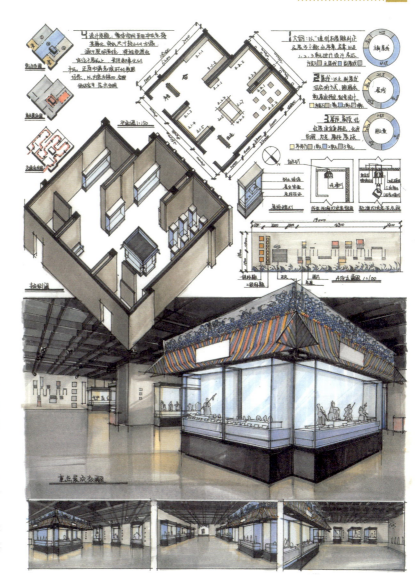

本套快题为传统民俗文化科普展示设计，设计者将需要科普的传统民俗文化限定为潮州木偶戏非物质文化遗产。运用戏剧中的纹样元素进行设计，展示了整体空间的多种角度的分镜（图10-8）。

Z 学姐
—— 清华大学美术学院硕士研究生

该方案从排版到内容设计都有很高的完整度，材质及细节刻画精细，颜色对比柔和但主次分明。效果图中的大笔触值得肯定，其构图工整但有破有立，对方案的分析比较详尽，是优秀的写实风格作品。

S 学姐
—— 中央美术学院硕士研究生

图 10-8 博物馆展示／科普展示空间室内设计快题手绘（八）

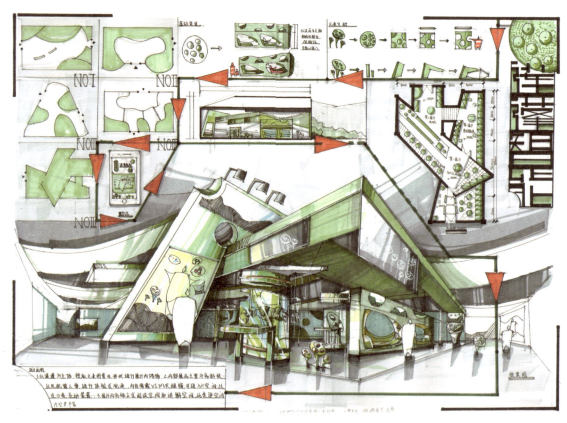

图10-9 博物馆展示/科普展示空间室内设计快题手绘（九）

该展示空间的设计方案较完整，但元素演变稍有牵强，以"莲蓬"为主题，空间中的几何折线展示台是围绕主题演变后的形态，有空间分割的作用，同时增加了展示形式的丰富度和空间的层次感，提高了展示空间的探索性。注意效果图的疏密关系，中部细节过多，空间层次不明确，需适当做减法（图10-9）。

L学长
—清华大学美术学院硕士研究生

本快题设计的空间由几何造型的相互穿插形成，需注意结构间透视关系的合理表达。效果图中部细节的刻画丰富，但设色较多，遮挡了其功能性，可采用功能使用分析图加以解释。方案以冷色为基调，在构图中用少量暖色的箭头分割画面，形成反差的同时也让画面不再单调。剖面制图还需完善。

H学姐
—清华大学美术学院硕士研究生

博物馆展示 / 科普展示空间室内设计快题手绘

新蕾艺术学院学员作品

以植物元素为设计灵感的科普展示空间设计方案，作者将其细化为以竹元素为主题的设计。整体符合题目要求，设色统一，分析完整，空间感极强。平面图、剖面图设计合理、制图规范、表现到位（图10-10）。

Z学姐
— 清华大学美术学院硕士研究生

该展示空间的设计方案较完整，元素演变合理，空间中的几何折线展示台是围绕主题演变后的形态，有分割空间的作用，同时增加了展示形式的丰富度和空间的层次感，提高了展示空间的探索性。

Y学长
— 清华大学美术学院硕士研究生

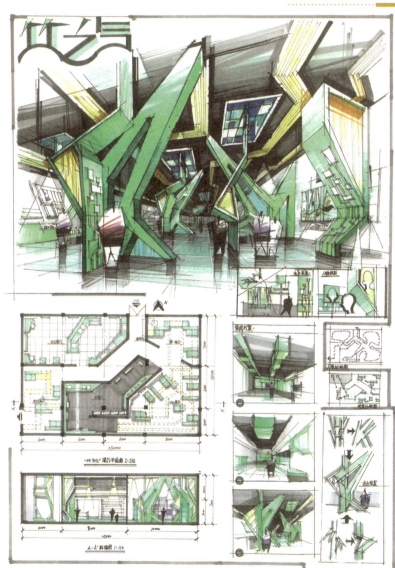

图10-10 博物馆展示 / 科普展示空间室内设计快题手绘（十）

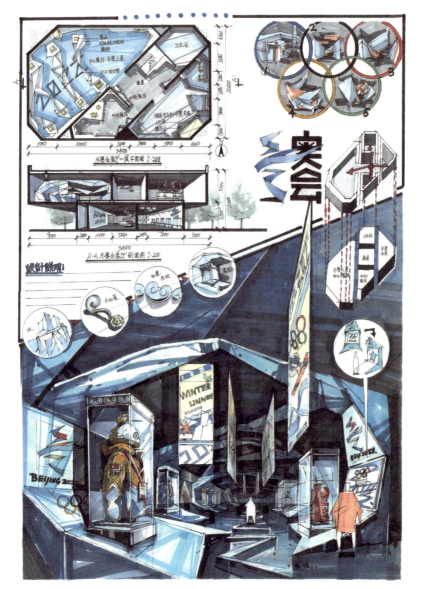

该空间以冰窖形态为主体。空间动线合理，主体展示物刻画丰富，直抓主题。以冷灰色调为主色调，视觉中心橙色人物与背景对比强烈，主次突出，展示信息的细节丰富（图10-11）。

S 学姐
——中央美术学院硕士研究生

本套快题以冬奥会为主题，方案构思严谨、细致，透视准确，空间层次疏密有致，用笔老练，可见设计者的设计思路清晰，表现技法熟练，不放过任何展示细节的体现，是一套优秀的快题设计。

Y 学长
——清华大学美术学院硕士研究生

图10-11 博物馆展示/科普展示空间室内设计快题手绘（十一）

博物馆展示/科普展示空间室内设计快题手绘范例及评析

博物馆展示/科普展示空间室内设计快题手绘

新蕾艺术学院学员作品

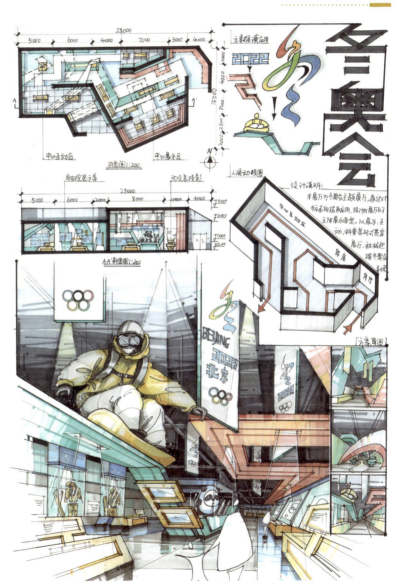

本套冬奥会快题设计紧扣题目要求，构图饱满，颜色丰富，画面黑白灰对比明显，视觉效果强烈，是一张高分快题手绘作品（图10-12）。

M学姐
——清华大学美术学院硕士研究生

以冬奥会为主题的展示空间设计，合理使用冬奥会会徽的色彩搭配，整张快题色彩搭配巧妙，主题鲜明，冲出效果图的动态人物使得画面具有活力和动感，整体画面统一，色彩层次丰富，是一张很不错的快题设计手绘。

Y学长
——清华大学美术学院硕士研究生

图10-12 博物馆展示/科普展示空间室内设计快题手绘（十二）

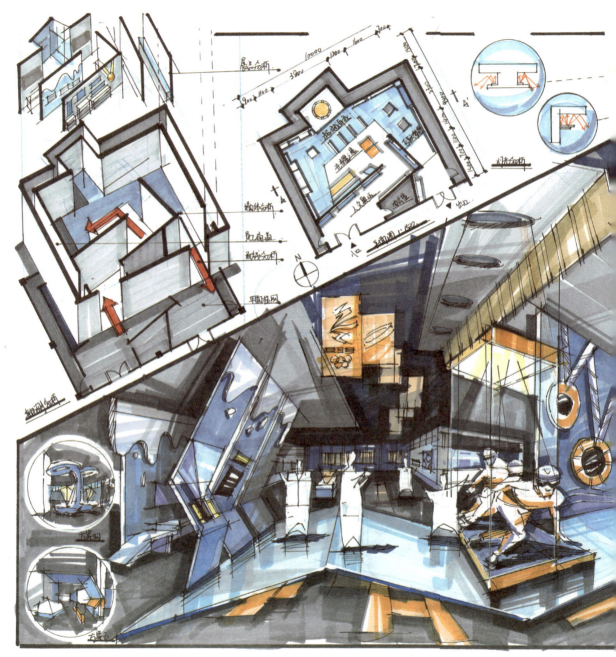

图 10-13 博物馆展示／科普展示空间室内设计快题手绘（十三）

博物馆展示 / 科普展示空间室内设计快题手绘
新蕾艺术学院学员作品

本套快题的设计者通过排版巧妙地将效果图与分析图进行结合，新颖独特，张力十足。在效果图表达中，设计者采用两点透视，解放了空间，充分利用空间的体块穿插关系制造多种高差，使得空间层次丰富多样，空间结构本身即为表达细节。分析图图示简洁明了地表达了设计过程，为说明方案服务（图10-13）。

S学长
——清华大学美术学院博士研究生

快题设计方案作为一个整体，也有其主次之分。本套方案以效果图为主体，其鲜灰对比与明暗对比都处理得十分出众，与其他图示如平面图、立面图、剖面图、分析图的明暗对比关系也进行了区别，暖色的点缀为画面注入活力。细部构件的刻画与详尽的文字说明注释提升了画面整体的专业性。

H学姐
——清华大学美术学院博士研究生

图10-14 博物馆展示/科普展示空间室内设计快题手绘（十四）

本套快题的效果图表现形式独具匠心，画面视觉效果强烈。空间氛围强烈、主题表达直观是其一大亮点。快题以绿色为基调，通过晕染过渡出丰富的层次变化，最后用白笔勾勒边缘，由此可见制图者在颜色运用上颇为熟练，但此方法耗时长，不适合应试。可学习其晕染手法及构图形式，进而提高画面张力（图10-14）。

H学姐
——清华大学美术学院硕士研究生

颜色的绘制是此方案的一大亮点，以冷色调为主，暖色加以点缀，层次变化丰富，空间的延伸感通过颜色变化体现。空间的大氛围营造到位，但缺少功能细节的分析，丰富细致的分析图可增加快题的可读性，使方案展示更深入，让阅卷者直观地了解设计的创新点。适量的空白让画面的视觉效果较清爽，主次分明。

L学长
——清华大学美术学院硕士研究生

CHAPTER 10
博物馆展示/科普展示空间室内设计快题手绘范例及评析

博物馆展示/科普展示空间室内设计快题手绘
新蕾艺术学院学员作品

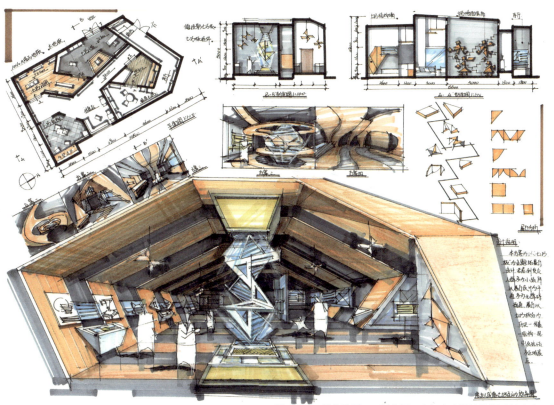

图10-15 博物馆展示/科普展示空间室内设计快题手绘（十五）

在设计层面，方案为打破空间中单一规整的形式语言，采用了重复的折线与斜线语言，空间的延伸感得以增强，透视准确。整体空间采用较重的色调，通过人物适量留白，拉开明暗对比的层次，也使画面透气。设计者在描绘效果图时，十分注意对主体物、展台的细节塑造，方案的可读性很强，前后虚实关系明确，值得学习（图10-15）。

——H学姐
——清华大学美术学院硕士研究生

方案的空间体验感丰富，视觉效果强烈，但在构图上，平面图、剖面图及分析图的大小过于相似，显得零散，在后期可适当调整。作品的手绘表现干净利落，制图清晰合理，透视尺寸把握也足够准确，整体设计方案不错。空间的明暗对比强烈，若在画面背景中适量加入淡淡的环境颜色，虚实结合，会恰到好处。

——L学长
——清华大学美术学院硕士研究生

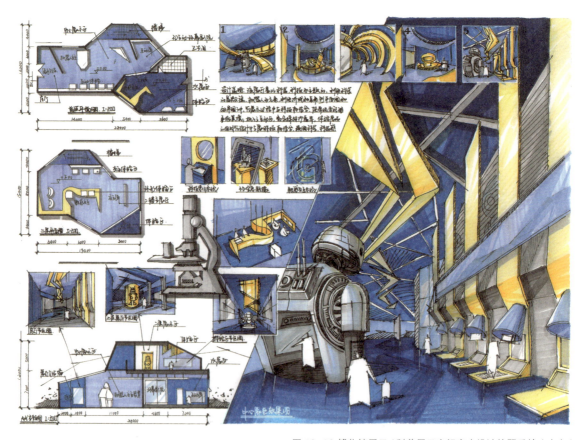

图10-16 博物馆展示/科普展示空间室内设计快题手绘（十六）

设计者对方案细节的考虑比较充分，但整体空间层次略微简单，从平面图与效果图都可发现这一问题。整体空间以高阔的大厅形式为主，虽可体现出装置的体量感，但空间功能的设计显得简单，若加入下沉或上升等空间形式的变化，画面的可读内容会更丰富。在构图上，整体会显得分割零碎，有待改善（图10-16）。

H 学姐
— 清华大学美术学院硕士研究生

这一方案的效果图采用一点透视，空间宽阔，机器装置的细节展示详尽，可见作者对于结构的思考颇为细致。构图的边缘分割有些生硬，画面的跳跃性过大，效果图的边缘可柔和地延伸一点，既增加了画面张力，又可使构图巧妙。分析图的处理不用局限于方正的构图，适当的方圆对比可增强画面活力。

L 学长
— 清华大学美术学院硕士研究生

博物馆展示／科普展示空间室内设计快题手绘

新蕾艺术学院学员作品

本张快题对主体物的刻画颇为细致，层次分明，空间深邃，结构刻画细腻。在构图上，画面饱满，但要注意方案平面图的展示需更详尽，同时提高制图的严谨性，文字说明要严谨详实。可以再增加一些展示细节分析，让方案展示更全面（图10-17）。

M学姐
——清华大学美术学院硕士研究生

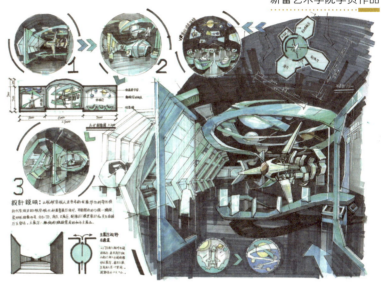

图10-17 博物馆展示／科普展示空间室内设计快题手绘（十七）

该快题的效果图设色和谐统一，空间高阔的体量感由主体物衬托出来。一点透视与主体物精致的细节刻画让效果图富有力量感，空间深邃。对细部节点的刻画入木三分，明暗对比强烈，鲜灰对比出众，空间层次丰富。整体快题对设计内容进行全方位、多层次、多角度说明，体现设计者的功力（图10-18）。

H学姐
——清华大学美术学院硕士研究生

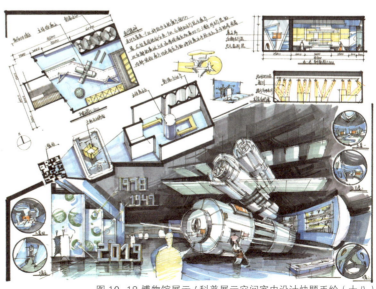

图10-18 博物馆展示／科普展示空间室内设计快题手绘（十八）

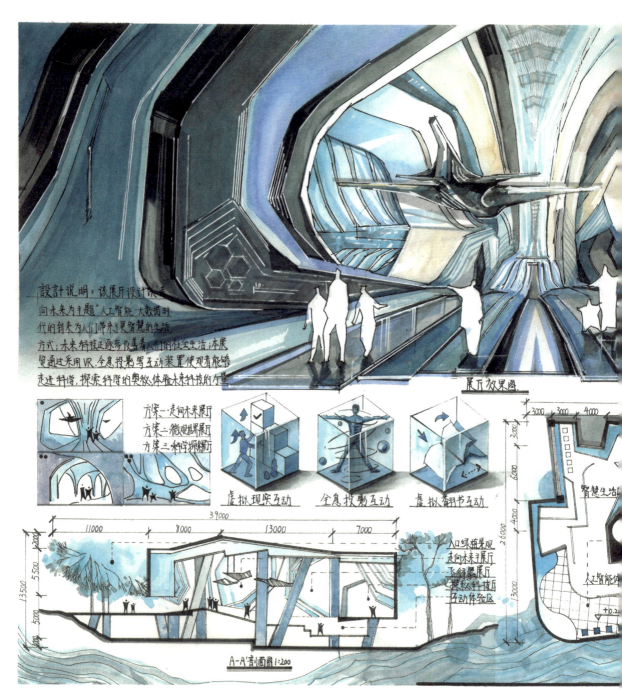

图 10-19 博物馆展示/科普展示空间室内设计快题手绘（十九）

CHAPTER 10
博物馆展示／科普展示空间室内设计快题手绘范例及评析

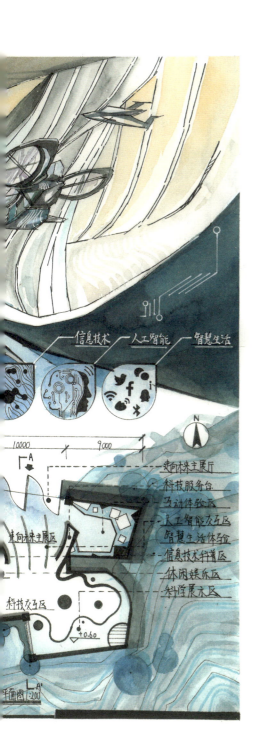

博物馆展示／
科普展示空间
室内设计快题手绘
新蕾艺术学院学员作品

  方案的平面图、剖面图设计新颖，空间层次丰富，高低错落有致，且在制图上也严谨规范，简明直观，上色清爽，值得学习。从效果图可以看出，作者的表现技法熟练，上色严谨工整，细节刻画丰富，但同时也需注意平面、剖面与效果图的空间对应关系，切勿绘制不合理的结构形态。悬吊的细节还需深化，稍有不足（图10-19）。

Y 学姐
——中央美术学院硕士研究生

  本套快题的设计构思新颖，效果图使用平铺画面的一点透视，解放了空间，增加了画面张力，展示了方案的空间亮点，结构层层递进，向后延伸，再配合悬空主体物的塑造，使画面富有动感。在构图上，整体配色和谐，主次分明，平面、剖面绘制得清晰、明快，以背景上色衬出留白的空间布局，既省时又具有设计感。

S 学长
——清华大学美术学院博士研究生

结束语
CONCLUSION

本书从基础到提高,系统性地分析和讲解了室内设计快题手绘的思路和学习方法。书中展示了百余张北京地区一类设计院校近几年的高分快题作品,并邀请20余位清华大学美术学院、中央美术学院、北京理工大学等院校硕士、博士进行专业的评析。在教学过程中,成果是喜人的,学生中不少应届考生以专业前三名的成绩考入了理想中的院校,其中不乏有清华大学美术学院、中央美术学院、北京服装学院等国内知名设计院校。

手绘是表达设计思路的一种语言和手段,因个人的背景和知识构成不同,表现出来的形式也有所不同。因此,手绘的风格和形式也是多样的,也正是这种多样性才会使得手绘变得生动、具体。手绘的学习是漫长、无止境的。只有不断突破,才能取得更优异的成绩。在手绘学习的过程中,作者也一直在探索新的方式和语言,也曾遇到瓶颈,走过弯路。但无论结果如何,学习和探索的过程是有趣和令人难忘的。对于手绘的初学者,我总结了几点学习手绘的思路和方法,未必适用于每个人,但希望能给走在手绘学习之路上的你们一些参考和经验。

正确的方向和适合自己的方法

正确的方向就像灯塔,为我们指明前进的方向。无论路程中遇见什么样的困难和迷惑,正确的方向会让你在手绘的道路上走得更好、更远。在手绘学习的过程中,所谓的正确方向是指:端正手绘的目的,不是为了效果图而画效果图,不是为了表面的技法而学习手绘。要明确手绘效果图不是仅仅对空间的临摹和再现,而是一个展现设计方案和进一步完善设计思路的思考过程,是最终服务于设计本身的一种表现形式和语言。在明确这一点的前提下,手绘的学习过程中不能过多侧重于线条和笔触,以及效果图的训练,而应该更多注重对方案本身的思考过程。

在手绘的学习过程中,层出不穷的手绘学习资料和五花八门的手绘学习方法令初学者眼花缭乱。学习手绘的方法因人而异,并没有优劣好坏之分,但适合自己的方法才是好的方法。鞋合不合适,只有脚知道,手绘的学习方法是否适合自己,只能自己做出判断和选择。每个人的基础和审美不同,绘图习惯也存在很大的差异,不能把某种方法直接拿过来生搬硬套,要结合自己的具体实际,吸收并消化,总结出适合自己的学习方法,来指导手绘的学习,并在学习的过程中,不断检验和完善这套方法。

合抱之木,生于毫末;九层之台,起于累土

基础不牢,地动山摇。手绘的学习不是一蹴而就的,而是一个持续而漫长的过程,不能急于求成。很多初学者在学习手绘的过程中,透视还不理解就开始着急练习线条,线条还没有达到标准就开始上颜色,急于求成往往事与愿违。手绘的学习过程中要端正态度,稳扎稳打,一步一个脚印地把基础打牢,才能为后期的提高提供可能。本书中的内容正是按照前后的逻辑关系来写的,前一章的内容是后一章内容的基础和前提,后一章内容是前一章内容的延续和补充,因此在手绘练习的过程中顺序不能乱。正如对手绘的正确认识和理解是学习手绘的前提,对绘图工具的熟悉和使用是画手绘的基础,线条的训练是画好线稿的基础,线稿又是上颜色的基础。从简到难,环环相扣。哪一部分出现了问题就要在这部分多花费些时间去研究和练习,把这部分的问题解决了才能继续往下进行。否则,存在的问题迟早会暴露出来,使学习的进程变慢,甚至走弯路、错路。

功夫的深浅在于内力的深厚。手绘的道路能走多远,很大程度上依赖于基础是否牢靠。对于初学者而言,一定要重视基础的内容,花大量的时间去打牢基础。

勤能补拙是良训,一分辛苦一分才

"天道酬勤""书山有路勤为径,学海无涯苦作舟",不难看出都在强调"勤奋"的重要性。自古以来,"勤"就被视为成功的秘诀之一。而对于那些在手绘方面没有天分的人来说,勤奋便是唯一的可以取得成功的法宝。手绘的学习在于每一天的勤奋练习,量变引起质变,数量上的积累必然带来质量上的突破。但每天都能坚持练习手绘并不是一件容易的事情,甚至是枯燥无味的,很多人中途都会放弃,